王潇 著

写下来的愿望更容易实现

Write It Down, Make It Happen

Written By Wendy Wang

江苏凤凰文艺出版社
JIANGSU PHOENIX LITERATURE AND ART PUBLISHING

果麦文化 出品

再版前言

如何使用这本书

《写下来的愿望更容易实现》是《时间看得见》的3周年升级版。2018年出版的《时间看得见》专门写给像我这样的纸本爱好者，如何使用手册这类古老工具，如何启发和规划自己的生活。

出版后的3年中，时间和经历让我的认知继续升级，也更抵达使用工具的本质：我们与其说是纸本爱好者，不如说是愿望爱好者更准确。我们多年来都选择了纸本和书写作为愿望实现的路径，是因为这条路径反复亲测有效，我们曾在过去无数次验证了它的神奇功能，也会在当下与未来继续验证。

当《时间看得见》再版，我修改了书名，也更新了其中几个重要篇章，并按愿望和场景分类梳理了各类经典手册的使用描述。在展示手册的空白部分时，我决定引导使用者在阅读的当下就立刻马上使用，让思考和填写同时发生，因为这个环节正是把愿望写下来启动实现的关键所在，阅读是为了促成它，而不是延迟它。我们是为了行动而阅读，当行动发生，阅读才真正点亮了我们的生活。

以下是我作为本书作者对书的使用建议。或者说是从我的角度出发来说明，为什么会把内容以这个顺序来安排，我希望能够清晰描述出它对你实现愿望的帮助。不过，我知道每一个人终将会从自己的角度出发，因此，我希望你能根据以下对结构的说明来进入这本书，找到你最需要的章节或者段落开始阅读——哪个部分最贴近你现在的需要和愿望，它就最应该被首先读到，成为你愿望实现道路上的好伙伴。

第一部分：纸上有神

写这一部分，我是希望你首先要信任你的手册。通过告诉你都有谁曾在纸上描绘过和预言了未来，让信任充分发生。我会在这部分列举中国和世界范围内的许多手册故事，来展示哪群人正在大面积掌握命运，开创未来，哪群人就开始大规模使用效率手册作为工具。虽然阶段和文化并不相同，但精神力量都曾蕴含在纸本之中。面对空白的手册，你要相信这件事会在你身上也同样深远地发生一次。

第二部分：写下来的愿望更容易实现

在这部分中，我会叙述作为一个经验丰富的愿望实践者，从愿望写下到实现需要去主动完成的五个条件，我会描述每一个条件是如何发生作用的，它们为什么不可或缺。这一部分是 3 周年升级版中最核心的内容，也是 3 年中我反复思考后认为必须添加的。

在趁早效率手册设计发行的十几年中，我看到大量使用者会把愿望的中断归纳为未开始和未完成，但其实未开始和未完成都只是结果，而不是原因。这五个条件才是原因，才能解释我们为什么得到的会是未开始或未完成。你可以在阅读时尝试回顾过去，通过比对这五个条件，辨认出之前的缺失所在，接下来就可以在未来的愿望实现道路上加以修补。

这一部分非常关键，我作为作者，同时也是时间管理和行为养成的深入从业者，诚恳建议你要阅读完整。如果你想立刻进入自己的愿望书写程序，可以首先读这一部分，然后在需要鼓励时读第一和第五部分，具体执行时读第三和第四部分。

第三和第四部分：一生的计划和愿望清单

这部分引导和讲解一生的计划与各种愿望具体怎么写，是一个互动填写部分。很多趁早效率手册的使用者在每个新年的开端都曾反复填写过一生的计划，在其他不同的生活场景中也许填写过其他主题手册或者愿望清单。如果你想要之后的生活有所不同，这部分在本书阅读完成时应该也呈现填写完成的状态，因为填写是思考的下一步，我们其实是在用填写来倒逼自己充分展开思考。尤其当你读完第二部分再写，也许会获得不同的洞察，新的洞察会启动新的行为。

第五部分：历年前言

这里的每篇前言都曾印刷在当年的效率手册扉页之后，从最初的几千人读到，到 10 年之后的百万人读到，它们都见证过故事，穿越了时间。很多奇迹都是从翻过这些前言然后写下第一笔愿望开始的。当你准备好写一个新的愿望，可以重复这个很多人重复过的动作，那就是选取过去重要一年的前言来读，然后深吸一口气，进入一个新的开始。

当强烈的愿望再次闪现，把它写下来吧！愿望是一种锐利的力量，可以划破一切，在黑暗中照亮你的新世界。

2021 年 10 月

前言

信所未见之事

这本书，我赋予它一个重要使命，它要担当起一本人生结构之书。

1 年前，出版社向我约书稿，说世面流通手账书基本是日本人写成的，希望能有一本采撷我国文化底蕴和生活方式，引导我国手账爱好者的工具书面世。我欣然应允，作为“北京市手账天后”，自觉写作这本书是非我莫属，当仁不让。

结果一写就是 1 年。

我当然熟悉手账，手账是我的幼功。我熟悉手账的皮革、纸张和工艺，就像厨师熟悉食材，打眼一看，拇指和食指一捻，就能判断谁和谁加工在一起，克数，质感，呈现什么色泽，散发什么气息。不过这些只是皮相，我更熟悉功能性手账。我熟悉功能性手账应该像建筑师熟悉建筑，通过打量横线和点阵揣摩空间的意图，在交叉划分的页面里，让使用者在上面行走、停留、不预期的邂逅，感受光与风。

但我实在无法仅仅通过描述横线和点阵的用法，去说清一个手账到底如何实现功能，这就像强行对等一袋水泥和一栋建筑的关系，脱离设计图纸，无从谈起。因为，每一立方厘米水泥的摆放向上追溯都是建筑立意的投射，正如你的每一分钟向上追溯都是你去处选择的结果。当你有了去处，你的手账才有了功能。

无论我们争辩人生是否应该规划，时间是否可以管理，每个人毕竟都拥有若干水泥，而当时间流逝，无论水泥被精心修葺或者随意堆放，最终总有呈现。虽然你说你从来没打算长成个栋梁，但说不定你想长成庭院。庭院也是个呈现，这个呈现最好不辜负每块材料，才好像模像样，求仁得仁。

我猜我应该写的，一定不能是一本《水泥使用手册》，因为手账能构建大事，能十年磨一剑，别把它用小了。手账代表你内心深处日复一日，矢志不渝的那个东西，它来告诉你每一天都是算数的，再一本本帮你铺陈去往远方的台阶。有了它，你完全可以相信你的每一天并不是在砌一块砖，也不是在搭一面墙，而是安藤忠雄本人在建一间教堂。

真谛是，手账，它属水，水滴石穿；它也属木，十年树木，但它只是个工具。脱离使用者的穿透时间的野心，横线和点阵只配给出细碎的方法论。

我应该写的是《建筑的完成》，要成为建筑师，而不是砌砖者，要研究成为建筑师的庞杂准备工作，要研究每个小时和每一天如何度过。在漫长的时间里，要一直为了那个图景提着一口真气，从无到有，一砖一石地堆积。

愿我们都成为建筑师，醉心于建造自己的人生结构，研究基本的支撑、材料和形状、空间和庭院，当建筑终于完成时，在上面行走、停留、不预期的邂逅，感受光与风。

2018 年

目录 CONTENTS

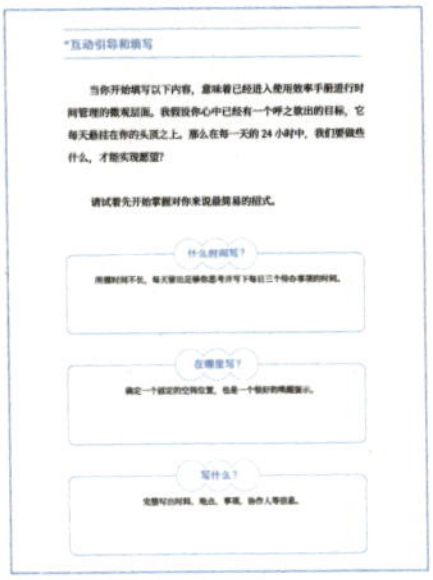

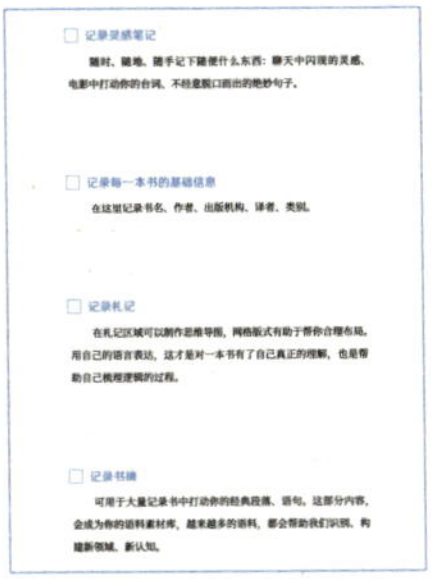

在那无数个已经远去的夜晚，有无数人曾把案头稍作整理，把纸本铺好，借一点微光，一笔一画在纸上写下过未来。那些写下的人，其实早已在想象中看到了他们所勾勒的一切。信所未见，所以写所未见，从无到有，纸本帮人们印证过一切。

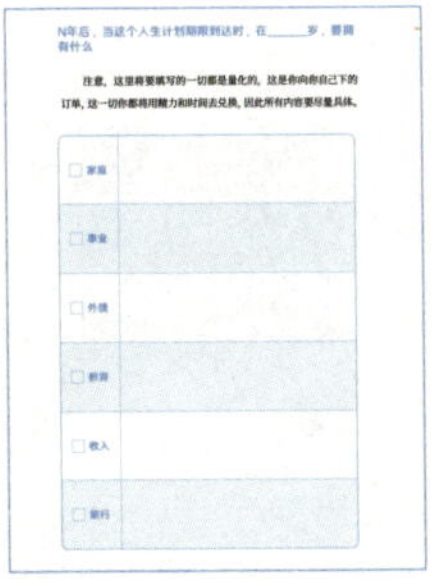

想要有光，于是才会有光，一念既出，万山无阻。愿望是一切的缘起。种一棵树最好的时间是10年前，其次就是现在。启动实现一个愿望最好的时间是写下来的那一刻，其次还是写下来的那一刻，那应该就是现在。

03 一生的计划 / 033

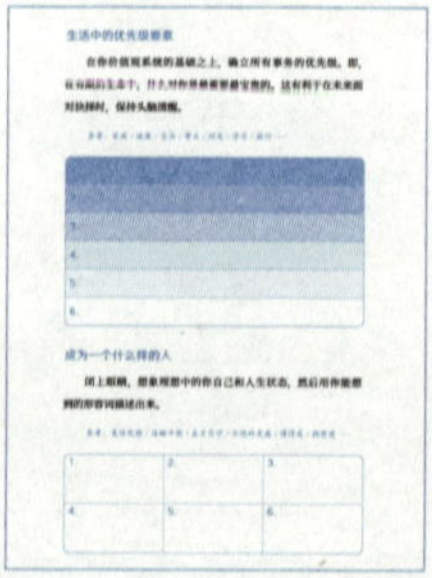

你在人生的开端需要像密室寻宝一样，找到那些只属于你的“具体”。
它是那些让你终于拥有了、见到了、经历了就泪流满面，就觉得“这辈子值了，圆满了”的事情和时刻。这就是你的志向，如果你认为它是，那它就是。你定义你。

04 愿望清单 / 105

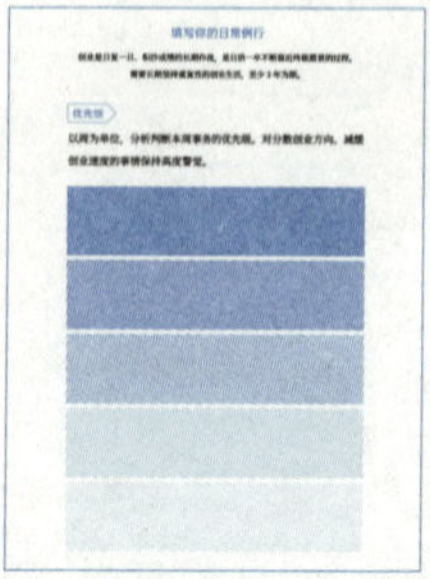
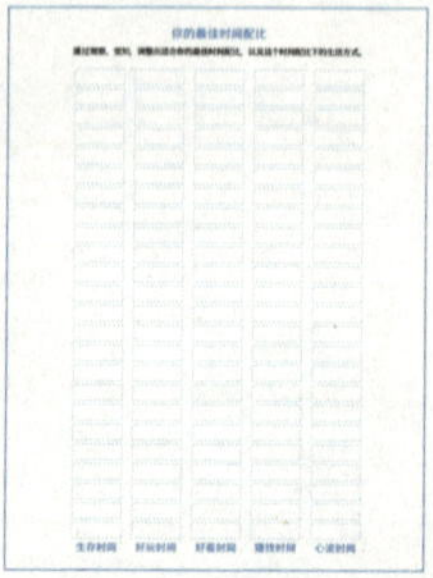
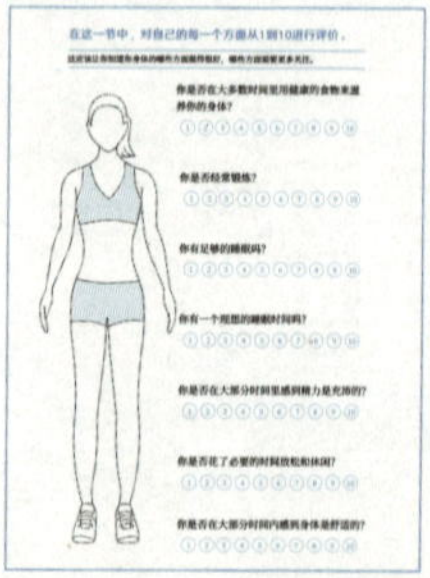

愿望的实现从事后看，像是一个正确连着一个正确，一个胜利连着一个胜利；从过程看，会是一个压力连着一个压力，一个问题连着一个问题。但这往往就是实现之路。真正相信一件事情，且重复践行这种相信，即使周围暂时看不见的，执行者看得见，时间也看得见。

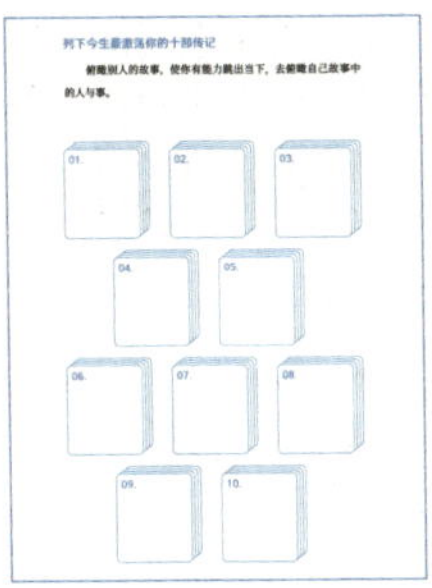

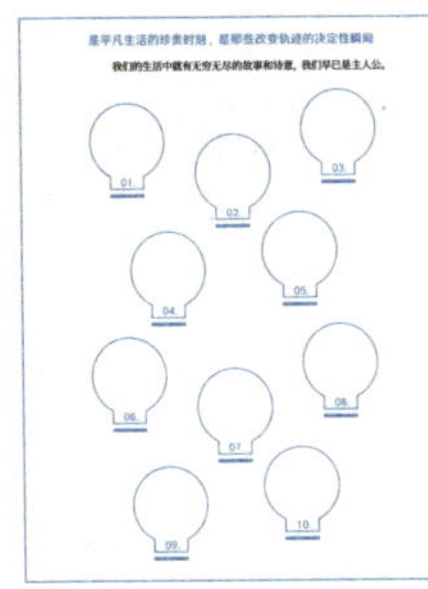

这里的每篇前言都见证过故事，穿越了时间。很多奇迹的开端，都是从翻过这些篇前言然后写下第一笔愿望开始的。当你准备好写一个新的愿望，就去选取过去重要一年的前言来读吧，然后深吸一口气，进入一个新的开始。

01 纸上有神

这本书的第一个版本《时间看得见》出版后1年，《我和我的祖国》上映了。有纸本书写习惯的人如果去看这个电影，会看到一个极为熟悉的场景，其实是七个——在电影里的七个故事开篇，都是笔在纸或本上书写记录下当天事件的特写镜头。墨水迅速在纸面湮入，字体遒劲，或挺拔或清秀，白纸上留下历史的痕迹，那书写的声音沙沙响，安静又笃定。我们应该做一个无论在什么年代，都能够在灯下安静笃定写字的人，并再次让书写成为所在年代下一个故事的开篇。

在那无数个已经远去的夜晚，有无数人曾把案头稍作整理，把纸本铺好，借一点微光，一笔一画在纸上写下过未来。这未来里有关于书写者个人的，有关于一群人的，有关于一代人的，还有关于后世千千万万人的。一个任务、一个计划、一个创想，都远在被实现被看到前，已在纸上悉数写下；或者，那些写下的人，其实早已在想象中看到了他们所勾勒的一切。信所未见，所以写所未见，从无到有，纸本帮人们印证过一切。

当看完电影《我和我的祖国》，在全场观众自发的掌声中，我意识到热爱祖国是一件特别具体的事情。爱国家就是爱人，爱民族也是爱人，爱文化更是。因为是人书写，人建造，人用尽气力，人压抑情感，人跨过江海，人付出时间和生命。然后是人激励人，人见证人，人再传递力量给人，是无数具体的人在历史的瞬间里拐角处流着汗，流着泪，忍受着痛苦，理想涨满胸膛。又是无数人的愿景和意志汇聚一起，在每个时代到来时拉开大幕，才有历史性经典瞬间的欢庆，就像电影上映时庆祝中华人民共和国成立 70 周年。人应该做一个理想涨满胸膛的人。

因此，在这本书里，我想重新梳理讲述一次整个过程，关于人们为何如此信任和使用纸本工具，关于效率手册里到底是什么精神。

在中国，这种印着横线和日期的用来做计划的本子从开始出现就被叫作“效率手册”，我从 20 世纪 80 年代就见到我父母在使用，而我父母说他们在读大学的时候也就是 20 世纪 60 年代末，中国主要城市和大型工厂的工作者们在开会时就都在使用效率手册了。

效率这个词，很显然来自工业化语境，它强调关注单位时间中的生产能力，这是一个在中国实践工业化道路的过程中被广泛应用的典型词。为了提高生产效率，集体和个人需要在周期、进度和时间管理上达成共识。在过程中，大家需要统一思想，记录进度，对于生产型企业，进度不但精确到天，也逐渐精确到每一个小时。可以说，在中国工业化道路的进程中，大量的时代建设者也同时具备了项目管理和时间管理思维，表现在人们不只在工作规划中使用效率手册，也逐渐在学习规划中使用，后来又在人生规划中使用。中国最早的效率手册是中华人民共和国成立后由机械工业出版社统一印发的，后来效率手册随着工业化进程的深化，从工厂到农田，从职员到学生，从大人到孩子，每一代人都在效率手册上写下过宏愿，效率手册上记录了中国人在建设中奋斗的故事。

提及效率手册在中国的诞生发展史，是希望我们大家能获得一种新的视角，去理解一种现象工具在中国的传播和使用背景。因为在全世界范围内，从来不乏纸本爱好者和著名品牌工具的传播，效率手册同类工具在欧洲、在美国、在日本都有着各自的发展和渊源，每一个类别都有着各自的爱好者，尤其在日本，手账文化已经非常繁盛和普及。但当我们获得了这个视角，会在使用时清晰地知道它从何而来，为何演变至此。

作为趁早品牌的创始人，趁早效率手册的设计者，我也希望能够尽量全面地和大家探讨效率手册的设计理念和使用真谛。

在趁早效率手册面世的 10 年来，我至今都认为手册使用不存在最权威的方法，对于每个具体的使用者，适合、好用、见效的方法都并不相同。但是，对于想要实现愿望的人来说，把愿望首先写下来，写在效率手册上，是一个确定的开始。我很希望你在书写时，胸膛中能燃起我们前辈建设者曾经燃起的那种雄心壮志，是他们的激情和梦想在写下之后一直燃烧，让我们如今生活在这个国度，继续写下我们的愿望。当我还小的时候，我以为效率手册是一种天然的必然的工具，现在我知道，使用效率手册是一种对创造新生活的继承，一种对中国人奋斗精神的继承。前人书写过的，已在今天实现；我们今天书写的，也将在明天实现。

在你读到这本书中关于使用方法的引导和讲解之前，我希望你可以继续放大视角来了解全球的手册文化史，从中获得更多的联想和启发。我们尝试看看在人类文明的长河中，手册到底起到过什么样的作用，也许可以帮助我们在使用的时候，理解得更深远一些。

从 1732 年流传至今的效能管理真谛

首先要讲的这个人，他叫作本杰明·富兰克林。[1]

为什么要讲这个人呢？如果大家读过他的自传，就会发现，其实本杰明·富兰克林可能是第一个有记载的，通过使用效率手册管理时间、管理人生、养成习惯的手册达人，可以说，他是效率手册文化的鼻祖之一。

如果谈论意志力、时间管理、效率这些话题，基本上都绕不开富兰克林，所以推荐大家直接读他的自传。

富兰克林被人熟知的身份标签有很多，是一个跨界的天才。他是科学家，在电学方面，高中物理我们都学过，他做过著名的费城风筝实验；创造了我们现在物理课上学到的一些专有名词，比如说正电、负电、充电；他是发明家，发明了避雷针；作为外交家和政治家，他参与起草签署了很多历史上非常重要的文件，最著名的就是美国的《独立宣言》。

任何一件事情的发展都离不了外部环境的影响。富兰克林出生

---

1 ［美］本杰明·富兰克林，《富兰克林自传》
当谈论意志力、时间管理、效率这些话题的时候，基本上都绕不开富兰克林，所以我推荐大家直接读他的自传。

在美国波士顿，他只上过两年学。12 岁的时候开始给他的哥哥当学徒，在印刷所工作。所以他有很多阅读的机会，可以读到《人类悟性论》《思维的艺术》《苏格拉底回忆录》等。

阅读量多了以后，富兰克林自己开始尝试写作。有写作习惯的人都会知道，写作是一个和自己对话的过程。思考才是写作，写作只是记录。我们所讲述的庞杂的思想长河，写下来之后只是冰山一角。在文字的背后，一定是一个巨大绵密的思考来支撑每一个字、每一个观点的输出。所以说富兰克林可以算是 18 世纪的博客主。

因为兴趣广泛，他写的内容也很多元。小到如何酿造葡萄酒，大到讨论州议会新推行的政策。如果从终局判断来看，这一切外部条件，包括手账的使用，都是奠定富兰克林一生成就的基础。

他是怎样使用手册的呢？

富兰克林在自传中这样记载：

> 我想出了一个达到完美品德的勇敢而艰辛的计划。我期望一生当中的任何时候都能够不犯任何错误，我想克服所有缺点，不管它们是因为天生的爱好，后天的习惯，还是由于交友不慎引发的。

富兰克林列出了十三种他认为非常必要的德行，这就是后来非常著名的“自我修炼戒律”，包括下面这十三条：

> 01. Temperance 节制。食不过饱，饮不过量。
>
> 02. Silence 沉默。言必于人于己有益；禁止无益的闲谈。
>
> 03. Order 秩序。一切东西都有自己的位置；日常事务何时

起、何时完，当有它们的安排。

04. Resolution 决心。当做必做；决心要做的事坚持不懈。

05. Frugality 俭朴。用钱必于人于己有益，戒除浪费。

06. Industry 勤劳。勿浪费时间；每时每刻做有用的事，戒除不必要的行动。

07. Sincerity 诚恳。不欺骗人；勿思邪恶，唯念正义，说话也应如此。

08. Justice 正直。不做有害他人的事，也不要忘记履行对人有益的应尽义务。

09. Moderation 中庸。避免极端；若受到应得的处罚，要容忍，勿发怒。

10. Cleanliness 清洁。身体、衣服、住所力求清洁。

11. Tranquility 宁静。勿因琐事或无法避免的普通小事而惊慌失措。

12. Chastity 贞洁。除为了健康或者生育后代，不行房事；万不可房事过度伤害身体，不要损害自己或者他人的安宁或者名誉。

13. Humility 谦逊。仿效苏格拉底。

这十三条戒律，就像图腾一样始终指引着富兰克林。他希望能够养成这些美德，基于这个强烈的动机，他想到了一个看起来有点笨，但是实际效果却格外显著的办法。

他是怎么做的呢？

富兰克林认为，一下子全面实行会分散注意力。他的策略是在一个时期内集中精力只培养一条，达到了一条之后，再开始另外一条。这个叫作集中优势资源，各个击破。

历史的一刻出现了。富兰克林做了一个小册子！

就像这张图中所展示的一样，每一种德行占一页。每一页横轴按照星期分成七列，纵轴分成了十三列，每一列注明代表美德的首字母。用小黑点记录下这一天的过失。

富兰克林是这样管理这张表格的：他每一周只专注在一条美德上。比如说这一周的关注重点是“节制”，那么在这一周里，他将保证“节制”的那一行中不会出现小黑点，而其他的美德，只是在每天晚上记录下有关的过失。然后，再把注意力扩大到第二条，力争

TEMPERANCE.

Eat not to dulness; drink not to elevation.

	Sun.	M.	T.	W.	Th.	F.	S.
Tem.							
Sil.	*	*		*		*	
Ord.	*	*			*	*	*
Res.		*				*	
Fru.		*				*	
Ind.			*				
Sinc.							
Jus.							
Mod.							
Clea.							
Tran.							
Chas.							
Hum.							

保证在下一星期内，前两行是没有小黑点的。

依此类推，直到最后一条，十三个星期为一个大循环，每年可以这样循环大概四次。富兰克林就是用这个 13×7 的表格，不断地细腻地修正着他人性上的种种弱点。

如果大家使用过趁早极少数手册，或者 21 天习惯养成和计划的表单，就会发现，趁早产品的逻辑和富兰克林的这个自我修炼戒律小册子非常相似。

为了能够让生活更有秩序感，他希望给每一件事务都事先分配好一定的时间。于是在这本小册子中，有一页24小时的作息时间表。

看这张作息时间表是不是有点熟悉呢？

上午五点起床，问自己一个问题自省：今天我将有何收获？

五点到七点，起床、洗漱、祈祷、安排一天的事情，继续研究，吃早饭。

八点到十一点，工作。

十二点到下午一点，读书、浏览账单、午饭。

下午两点到五点，工作。

十八点到二十一点这个时间段，再次问自己一个问题，要自省：今天我有什么收获？然后在这段时间内，把东西归位，晚饭、音乐、娱乐、聊天。

二十二点到凌晨四点是睡觉时间。

我们一直认为成功一定有什么秘籍，但是你看，真理都是朴素的。富兰克林的神秘之处，就在于他日复一日的重复。

The morning question, What good shall I do this day?	5 6 7	Rise, wash, and address *Powerful Goodness;* contrive day's business and take the resolution of the day; prosecute the present study; and breakfast.
	8 9 10 11	Work.
	12 1	Read or overlook my accounts, and dine.
	2 3 4 5	Work.
	6 7 8 9	Put things in their places, supper, music, or diversion, or conversation; examination of the day.
Evening question, What good have I done today?	10 11 12 1 2 3 4	Sleep.

作为趁早效率手册的设计者本人，最让我激动的部分来了。

富兰克林这个本子用得好，又热爱写作，自己总结了很多语录，他把计划本和语录汇合到一起，设计出版了一个带着箴言语录的计划型日记本，叫作《穷理查年鉴》！

1732年，富兰克林用查理·桑德斯这个笔名第一次出版了年鉴，这部年鉴成为当时宾夕法尼亚州的现象级产品，全州几万人几乎做到了人手一册！

这段故事，我大概是几年前才读到，读到的时候可以说是非常吃惊了！带着自己写的箴言语录的计划型日记本啊！惊人地相似啊！这不就是 18 世纪的趁早效率手册么？

富兰克林的《穷理查年鉴》连续出版了 25 年，趁早效率手册目前已经出版了超过 10 年。但是由于互联网和电商的存在，趁早效率手册一个月的新增使用者数量，就是 18 世纪宾夕法尼亚 1 年全州人的使用数量！

以下是《穷理查年鉴》中一些比较经典的箴言语录：

> Great Talkers, little Doers.
>
> 语言上的巨人，行动上的矮子。
>
> Eat to live, and not live to eat.
>
> 吃是为了活着，但活着不是为了吃。
>
> Would you persuade, speak of interest, not of reason.
>
> 劝人要谈利益，空讲道理最无用。

这些句子后来都通过《穷理查年鉴》流传了下来，可以说 200 年前的富兰克林，就掌握了在当时最有效的传播手段，随着这些手册的使用，让他的思想进入了使用者的心智中。200 年前的《穷理查年鉴》，绝对可以算是传播学的案例。

在富兰克林的《穷理查年鉴》中我们可以看到，这绝不是一本普普通通的本子而已，它是精神的载体。是富兰克林把这种勤于思考的，有节制、有追求的生活，带给了整个宾夕法尼亚州乃至美国人民。

大家也会问，我也喜欢树立自己的信条，但我用脑子记不就行了吗？人类的大脑从来都不是存储信息的最佳设备，因为

一、人类的大脑容量有限。

二、人类终有一死。

三、人类大脑只习惯于存储特定的信息，这些信息往往是跟生存相关的。

所以，我的榜样、偶像，聪明的富兰克林，用他的策略非常极致地解放了大脑，变抽象为具象，将一个本子变成了他自我的信仰；又将《穷理查年鉴》变成了宾夕法尼亚州人的生活信仰。借助这一股力量，他成为18世纪耀眼的灵魂人物，他的思想光辉一直照耀到今天。

全球手册界的演化革命

效率手册，既是一种思考和生活方式，也发展成了一个行业。既然是行业，就有它的文化、历史和知识点。

大家可能会问，为什么同样的本子，有的地方叫手账，有的地方又叫手册呢？

趁早效率手册之所以叫“效率手册”，是因为我们这一代对中华人民共和国成立后工业化实践工具的继承。在中国蓬勃发展的70年中，这样的管理型本子都叫作效率手册。2000年以后，随着互联网时代的到来，“手账”这个词才从日本来到了中国。

在日语的语境中查“手账”的词源，“手”代表放在手边，随身携带；“账”代表备忘的小册子。

手账文化的出现，不是完全随机的，有它的历史基础和发展方向。在富兰克林之后的100年间，手账从美国到了欧洲，又从欧洲流传到了日本，然后手账才开始大规模流行。大家稍微了解世界工业的发展史就会发现，和中国工业化背景下的效率手册一样，哪个文化背景和历史阶段中的人们在大面积掌握命运，开创未来，哪群人就开始大规模使用效率手册。

有迹可循地，在日本最早使用手册的人，是福泽谕吉。

第一代手账 怀中日记

日本的手账评论家馆神龙彦，他在著作《手账的文化史》[1]中的观点认为，日本手账文化的开端来自福泽谕吉。福泽谕吉是日本近代比较重要的一位启蒙思想家、教育家，被评价为是最早将经济学从西方世界引入亚洲的先驱之一。

在1862年，日本派遣使节团出使欧洲各国，福泽谕吉也随行。在西方世界的见闻太多，他看到的医院、银行、邮政法、征兵令、选举议会制度，已经在大脑里装不下了。福泽谕吉便在法国当地买了一本手账，在这本手账上做了很多笔记，然后带回了日本。

在18世纪的法国，巴黎人用手账是最顺理成章的，因为艺术家多，当时的很多艺术家都会随身带着一个黑色皮面的写生或者素描本，写写画画，没有格子和内容，只是白纸。在欧洲的这支手账派系，特征就是黑色、硬皮、白纸。以灯塔和 Moleskine 为代表的两个品牌，就属于这支派系。

后人总结这一段起源，福泽谕吉买的这个巴黎人的空白本，被称为西航手账。

在西航手账出现的17年之后，也就是1879年，出现了“怀中日记”。它是在明治12年年末由大藏省印刷局发行的。从字面上来理解非常容易，形容的就是袖珍型的能放到怀中的日记。这也是第一个由印刷局开始批量印刷的手账。批量印刷意味着影响力扩大，流传到众多人都开始使用，怀中日记的影响开始不可小觑。

---

1 《手账的文化史》
这本书的作者馆神龙彦被认为是日本的手账小王子，对手账历史有非常深刻的见解。

比如明治 20 年的手账，大概 200 页，内页是 1 页 2 天，和趁早效率手册薄本是一样的。每个月都会有会计收支的页面。按照现在的分类，可以算是理财类手账的分支出现了。

扉页是印刷局的局长写的一篇序，讲述了这个手账的来历。局长偶然从一位外国人处看到一个本子，发现大家会用这个本子来记录日常，所以局长也依照样子做了怀中日记。

就像每年的效率手册，我都会写一篇前言：为什么要印，今年是什么概念。

第二代手账 军队手牒

紧接着到了 1882 年，日本出现了“军队手牒”，翻译过来就是军事手记。在每一本手记中，卷首的位置印刷了明治天皇颁布的《军人敕谕》，内容包括：忠贞、礼仪、武功、信义、勤俭，用来管理和规范军人的思想和行为。

让我们回到 19 世纪，那个时代还没有互联网。作战时，每天的天气变化，地形条件，武器、食品管理，战术配合，都是影响作战结果的关键因素。为了让信息有效传递，军队手牒就一定会被广泛应用。

这个时候的军事笔记，功能已经不再局限于信息备忘了。那个时期很关键，是 19 世纪初的大规模战争，没有手机、互联网、通信设备，要用这个手册来帮助战争胜利。第一次世界大战催化了军事手记的影响扩大。

从这个故事我们可以总结出手账有两个非常核心的功能，第一个是传播思想，天皇把敕谕写在前面；第二是帮助使用者执行，无论是大到军队这样的作战集体，还是小到个人。从那个时候起，手账的核心功能就基本形成了。

假设，我们每个人下一阶段的人生目标是一场小战争的话，你想打赢，那不妨自己给自己设置精神规定，包括每一天的作战计划。一个人就是一支队伍，一个人就是一支小团队的话，你怎么使用手账打胜仗。道理是可以借鉴的。

我们可以将军事手碟分类为第二代手账。严格来说，这个时候的军队手牒的内容上，包括军人敕谕、个人的基本信息、军队编制等信息，还没有发展出日程栏。

第三代手账 年玉手账

第三代手账，就是年玉手账。我要重点说一下这个年玉手账！

可以说，年玉手账和我 13 岁时妈妈送给我第一本效率手册非常相似了。而且，我第一本手册上面就是写着日文的，可以推断，我人生中拥有的第一本手账，就是年玉手账！

在当时的日本，年玉手账是公司发给企业员工的，让大家把对这家公司业务有帮助的信息汇总在一起，同时又预留了一些可以记录的空白空间。每年的年末年初，日本企业就会像发红包一样，给每一位员工发一本年玉手账，这可以算是当时的贵重物品了。

从年玉手账开始，这种设定目标并记录执行的方式，在日本空前广泛地传播起来，在日本经济发展的高速时期，我相信在电脑和手机出现之前，手账作为最核心的工具，为日本经济崛起贡献了巨大力量。

尤其对公司来说，这不仅仅是一个普通的手账，而且是公司的精神和意志的实体体现，能够让员工更有归属感。

后来由于日本泡沫经济破灭，经济大萧条，公司年玉手账的预算被大幅削减。年玉手账逐渐消失，社会对个人的庇护度下降。但是，个人的自由选择度上升，人们发现即使公司不发手账了，自己也可以自由选择生活呀，尤其是不需要使用指定的手账了，可以更自由选择纸质和版式还有封皮了，于是手账再次受到人们的关注。

年玉手账是现代手账的前身，之后现代手账逐渐根据内容和用法的不同而演化出更多分类。在日本，更是形成了几乎人手一本的手账文化，有大量的关于手账活用术的书籍被出版。我每次去东京都要去银座的 Itoya，那里简直是全球手账的中心，整个 7 层的商场都只卖手账，绝对是日本的强手账文化才能做到。在日本，围绕手账已经形成了价值 4500 亿元的文创产业。

第四代手账 现代手账

现代手账我们就都很熟悉了，主要以效率工具著称，增添了日期、时间轴、日程安排，增添了管理的属性。随着认知心理学、行为心理学的发展，手账的功能也越发丰富了起来，现在被认为是行为管理、目标管理的利器，帮助我们实现目标和梦想，是一个保持自我驱动和自我监督的系统管理工具。

手账见证了近代的200年。

当我们全局来看手账的发展史，它作为工具，对个体人类的发展演化，同样也有着不可忽略的战略地位。当手账渗透进了你的生活，你就更能理解一个人对人生意义的选择，方向确定，精神目标，都会投射到每月每天的行为上。

无论是见证奋斗的效率手册，还是记录多种生活方式的手账，它从来都不是一个简单的本子，而是使用者的一生。我所见到的手册爱好者们，无论他们的人生兴趣是什么，他们都做到了借助手册，生活得更丰富、更充沛。我和他们一样，与其说是手册爱好者，不如说是人生愿望爱好者，太爱人生里有限的时间和可能性，所以就一页一页地去实现。我们爱手册，是因为我们爱人生。[1]

让我们再来到效率手册。从字面拆解，“效率”即为单位时间完成的工作量。用在手册前，省略宾语“时间”，表示为“使时间更有效率”的手册。

到这里，你应该已经理解效率手册和手账的关系了，效率手册就是我们中国几代人使用过的好工具，手账是同类的纸本工具从欧

---

1 《按自己的意愿过一生》

我是出于什么动机来设计效率手册？又是什么样的机缘会大规模生长和销售？为什么会设计趁早效率手册？在这本书中的《创业七年》一文中，我从创始人角度，梳理了趁早效率手册的诞生故事。这个故事也是我的创业和成长的故事。

洲进入日本后得到的称呼。它们是一个祖先，它们的使命都是为着各种文化下人类的创造而生。在功能性上，效率手册对应的愿望更具体，目标更集中。而手账更匹配自定义的写画用法，使用起来更轻松智能。

现代语境下对手账的定义也日渐清晰，广义上，是指有日期标识、能够用来记录进程、装订成册的一类纸质工具。

任何一门艺术，都拥有一整套自洽的审美和美学逻辑。就像最初的美术绘画是具有功能性的，那些岩壁上的画是为了记录、传递、表达。到了 20 世纪初，绘画的功能性逐渐转变为纯粹的创造，才逐渐出现各种流派的新艺术潮流。

当我们不仅仅满足于简单书写时，我们在纸本上将生命以时间区隔，全神贯注地构想描绘，手账开始变成一种视觉表达的艺术形式。借助颜料画笔，通过绘画、拼贴、对手册二次创作的过程，可以说是记录的一种高级形态，是底层思考和设计技巧的统一。这种形态下的手账欣赏性更强，更呈现作品化。

在趁早效率手册面世的 10 年中，手册的设计和工艺都在迭代，越来越精致好用。我对这个产品饱含着感情，可以说是深情，因为懂得每一个产品对于使用者的意义。这种懂得，是与趁早效率手册的诞生故事以及我之前的人生紧密相连，我更希望它是中国文创道路上，对梦想燃烧和实践的一种继承。

02 写下来的愿望更容易实现

实现一个愿望，写下来之后怎么就实现了？

一个愿望，从写下来到实现之间，到底有几步呢？

那些把愿望写下并实现了的人，到底都做了什么呢？

当读完这部分的五个步骤之后，请慎重写下你的愿望，因为它们会实现。

第一步 许下一个好愿望

想要有光，于是才会有光，一念既出，万山无阻。愿望是一切的缘起。

愿望，就是给自己的愿景与渴望，是去想想这一生里究竟要做什么，然后去做，然后做成。

我想，我做，我做成了，这是一种模式。这本书的作用，就是让我们能够进入这个模式良性循环。许愿，是这个模式的起点。

每当你许愿给未来，同时也会许给令它催生孵化的一切环境和遇合。愿望会让你目力所及的事物重新排列组合，以新的秩序向你展现；愿望会让信息依据它的样貌加强或隐去。一旦愿望确认，你就会发现，命运在你的愿望之外，并没有安排太多事情给你。走在哪里都是走在去往愿望的路上，知止而后定，明确的愿望会让道路变得清晰，让心变得安宁。

因此，你需要许下一个好愿望。许下一个好愿望，真是一件很重要的事。

一个好的愿望，首先是一个能让你讲下去的故事。

你的未来所向，基于你给自己讲了一个什么故事。你认为人生是熔炉，你就是钢铁洪流；你认为人生是宝藏，你就是寻宝人；你认为人生是山峰，你就会成为登山者；你认为人生是赌场，你就是赌徒。所有伟大故事的开端，都是从空气中流淌着的故事线索开始，而所有好故事都有一个起点，也许就是此时此刻。当你意识到时，已经身处一个故事之中了。之后的问题就是，你准备把这个故事尚未发生的部分，向前讲多久——你能想象到的所有尚未发生的美好画面，就是你的愿望。

你要相信，自己一定有着向前讲故事的能力。你能够构思未来，也会有办法让自己和参与的人都相信这个未来能够发生。你要相信，那些把愿望写下并实现的人，是因为先讲好了故事，然后故事才在时间中渐渐显露出来。

你要相信，作为人类，这个能力是我们与生俱来的。人类把自己的愿景编织进故事之中，然后讲述故事，又通过记录把故事流传出去。当更多人相信了同样的故事，就能遵守同样的约定去持久合作，故事中的愿景就一个一个成真了。我们就是这样从地球的历史中走过来，还将这样走下去。从一个人到一群人，从虚构到现实，人类历史就是由一连串愿景成真构成的大戏。

一个好愿望需要来自一个好故事，一个好故事总有原型。读人物传记，看小说，看电影和看人物访谈都是寻找故事原型、汲取生命能量的过程。你的人生是什么样子，取决于你选择像谁那样活着。我们需要构思出自己的好故事，没有好故事，短期本能就会接管一切，脆弱的系统在漫长的过程里就会发生摇摆和反复。好愿望是故事达成的里程碑，好愿望会匹配主人公，好愿望会出现在未来的道路上，等待你一个一个达成。

第二步 信息收集与路径设计

一个好的愿望会产生出两样东西：一是能产生追逐愿望的力量；二是能启动追逐愿望的路径设计。在我们的经验中，二也许会在一出现后许久才出现，但只要愿望曾经足够强烈，我们可以念念不忘，耐心等待多年，直到有一天条件成熟机会来临。远在结果之前，种子早已种下，当环境满足条件，种子就会发芽，我们也会寻找条件让它发芽。

人和人大概有两类差异，第一类是初始值差异，第二类是愿望差异，分别决定了出发的位置，和愿望能够到达的程度。其中主要是这第二类愿望差异，让出发的人们采集到的信息也有差异。人们是根据这些信息去进行路径设计的。或者说，路径设计不只基于愿望，还基于信息收集。很多时候，人们只做了许愿这一个工作，并没有真正启动信息收集工作。事实是，如果信息收集不够完整，连愿望也许不好。

因为人并不是总能获得愿望——人有时候确实不知道自己想要的是什么，直到看到为止。最初的有效愿望一样来自信息采集。一个人想象力的边界，就是颅内信息排列组合的上限。任何一个人的智识、认知、经验和技能，都需要先从环境信息中去积累和学习。很多时候，一个崭新的信息就足以改变我们的视角，让眼前的世界呈现出前所未有的样子。

那些把愿望写下并实现的人，首先对愿望及实现做了足够的信息收集工作。没有信息的积累，人很难做出有意义的决定。当信息积累的差异传递给愿望，由愿望给出路径，再经过出发后的执行，就形成了现实的差异。所以，造成人和人之间的不同的，短时期看是出发位置，长时间看是愿景给出的路径。

在这个信息充斥的世界里，清晰的愿望本身就是一种力量。因为在采集的过程中，你会发现大量信息都是无效和无用的，我们所能接触到的知识，也只是这个丰富多彩的世界的很小一部分，但是所有这些都在为整个人生奠定很重要的基础。你会发现，人们产生的所有有趣创新的想法，都是在把接触到的数据进行排列组合的结果，没有足量的数据就不可能有想法。人们的观察、查找、搜索、联想都是积累和互相点亮在发生作用。

你也一样，需要学习去从已知推理出未知，找到一条由信息组成的有效路径。是愿望的召唤通过执行者塑造了路径，这个路径就像一条线，一头连接着未来愿望，一头连接着此刻生活，中间是不断堆积、点线成面、量变到质变的演化。这根线最初模糊，但经过持续筛选，在某个时间点上会最终显现全貌。有一刻，激动人心的愿望会呼之欲出，是因为信息积累已经来到了集成的时刻，我们把这样的时刻称为水到渠成。

未来一直在变，初心不变，通往答案的路径就呈现在眼前。

愿望会给我们前进的方向，路径会给我们到达的程度，他们一起最终决定我们的生命质量。也许为了探索未知你已付出很多，而从这一刻起你还将付出更多。你还不知道启程出发一路上是什么样子，但随着愿望写下来，路径被实践，你很快就会知道的。

第三步 写下假设 一直论证

找到好愿望和在信息收集中完成路径设计之后，我们真的需要把愿望写下来了。但是需要注意，写下来的也必须同时是两个部分——愿望部分和路径部分。路径本身可能就是实现大愿望的一系列小愿望，那就更需要把它们全都写下来，无论你内心觉得现在这些描述看上去有多荒诞——先得敢想，然后得敢写，然后才是敢实现。

整个生活的本质，就是不断把随机变成确定的过程，我们在这一步，只是把这些假设确定的部分写了下来而已，接下来我们要做的就是一个一个去论证假设，有限人生的过程本身就是论证假设的游戏。

没有办法，我们天生厌恶不确定性，追求控制感和确定性，每当缺失掌控与确定就会感到恐惧。这种时刻，当我们被不确定的未来激荡着大脑，同时感到压力与兴奋的时候，我们就需要把对未来的愿望写下来，包括到达的路径。当我们把愿望理解为假设，就等于认可了不确定性，确定了不确定性，也是某种确定。当我们明知混乱的到来并发出预判，也会有预判混乱的控制感。当你能够用清晰的语言描述不确定，又是一种对混乱预判的确定。

写下来，是把从假设到论证，从愿望到路径的过程流程化，是确定与控制感的来源。路径来自智慧的总结和经验，也等于把不确定性转移给了系统。写下来的过程中，你会发现一切皆有路径，在出发点和愿望都确定之后，就可以接受宏观，在微观逆天改命。

接下来这条路径上充斥的只有变化。是一个心怀愿望的人，就不能畏惧变化。心怀愿望的人需要更加期待变化到来，如果这个世界没变化，我们就会停留在原地，愿望就一直无法实现。

在这个过程里，我们需要把头脑中的构想组织成语言。语言文字和流程图、思维导图、清单一样，是帮助人思考的工具。在形成语言的过程中，思考变得结构化，在模糊的认知变成语言文字的过程中，文字能简化和归纳人的思考过程，让有深度有逻辑的思考成为可能。当思考能够被呈现被阅读，以至于被理解和执行，就能够传递强大的力量。用词准确，语义逻辑明晰，能帮你向世界传达信息，能帮你建造人生。

第四步　重复进入最优状态

前三步做好之后，去往愿望实现道路上最大的关键，就是付出的工作量了。

在老生常谈中，人们会把这个环节叫作持续努力，或者一万小时原理。在已经出版的《五种时间》当中，我把它归纳为“赚钱时间”之中的“循环增强”。但现在我们作为纸本上的愿望实现爱好者，其实有更容易理解的操作方法，可以称之为“最优状态”。如果你是一位脑科学知识爱好者，会发现这个认知正在逐渐演变成一种前额叶训练。

作为一个愿望实现爱好者，我建议你欣然接受“前额叶训练”这种说法和玩法，像我一样，在过程中反复去进行前额叶训练的游戏。这会比任何一种周而复始的枯燥努力都有意思。“前额叶训练”就是寻找帮助自己进入“最优状态”的方法，简而言之就是训练自己的大脑能够快速专注和沉浸，在单位时间内达到思维能力最优，效率最高。

前额叶皮质处于我们人类前额覆盖下的大脑表层位置，随着智人的进化而进化，掌管我们的计划、律己、自我评价和延迟满足能力。这个地方的发育程度和人体其他器官一样，每个人有着天生的差异，但也符合用进废退原理，可以像肌肉一样通过主观训练增强。在愿望写下来和实现中的重要一步，就是针对前额叶皮质的主观训练。

就我目前的训练经验而言，这种训练有三个阶段，第一个阶段是通过训练，让它的功能和力量日益增强，也就是训练自己能更具备计划性。训练的结果会是更加能够今日事今日毕，更可以延迟满足。比如说从平时不运动，到每天运动 10 分钟；从阅读时候每 5 分钟就要看手机，到 30 分钟可以不看手机，等等。在智能手机时代，很多训练方法应运而生，这些方法从动机、能力、提示或者奖励入手来训练前额叶（比如说趁早就是一个前额叶训练公司），哪一种都可以试试。如果找到了好用的方法和工具，那么这种方法和工具就可以成为你专属的“前额叶训练技术”。最核心的一点是，这是一个自己参加的游戏，游戏的通关对象不是别的，而是自己的大脑。我自己是通过每天的短时高强度运动来进行第一阶段训练的，运动可以把身体和大脑打通，十分好用。

第二个阶段，是前额叶的自动巡航阶段，因为它变强了，我开始给它派发大一点的任务，看它能够在多长时间内和多大强度下管用。因为在这个阶段中，我有希望让自己进入“最优状态”，这个状态很接近心流。

在 2020 年出版的《五种时间》中，我详细描写了对心流时间的追求。在这里，我们简单一点来描述：我们的大脑之中，所有喜怒哀乐看似是对人与事的反应，但本质上都是一场场电化学现象。心流这种现象是脑内电化学现象中比较典型极致的一种：在某种条件和环境下，我们大脑里会有六种让人快乐的激素同时分泌，同时神经元会以更活跃和更广泛的连接开始工作，这样的盛况必然造成一种难得的高峰体验。在实用主义生活当中，这样的体验还造成了一种工作质量和效率，也就是由于心流中人脑的创造力和处理信息的能力极强，以至于心流中的人处于最优的大脑工作状态。当我们想要自己最高水准的作品和工作成果时，我们就会非常希望自己能够一次次地进入心流，在去往愿望的路径当中，这相当于捷径。

还有前额叶训练的第三个阶段，我也是刚刚开始训练。在这个阶段里，希望让前额叶的自我判断功能减弱甚至关闭，让自我希冀和约束可以成为若有似无的存在，目的是让它不再跳出来判断和管理其他大脑位置给出的创想和感受，不去管理它们是否服从于计划性和已知的思想结构。等于说，之前我们要先练习前额叶的管理能力，到达功能型心流之后，又要训练它的放飞管理能力，就是忘我能力。这个训练阶段，符合很多冥想练习者的描述，那就是不理会脑内的声音，只是观看这些念头。不过，最棒的描述都来自那些可以做到寄情事中的人，也就是不需要离开日常生活就可以追求到忘我，他们的写作本身、舞蹈本身、写代码本身就是忘我，当下就是幸福的抵达。找到这样的事做，就应该是愿望本身，愿望就应该是幸福抵达的感受，在持续地实现。

其实，这第三层才是真正的心流，真正的心流本身就是目的，人只想待在其中，而不是通过待在其中去拿到更优作品。又其实，我们所有的愿望无外乎都是一些电化学现象感受上的愿望，这样来讲人生好像是一场幻觉。我们无论许下了什么愿望，设计了什么路径，都在期待着脑内源源不断的电化学烟花得以持续绽放。如果人生是一场幻觉，那我们也要寻找到可以一路璀璨的幻觉走到结束。到这里，我们可以稍微判断什么样的愿望是好愿望呢？那就是可以让我们的人生有着充分燃烧度的。

第五步 最短时间和重复次数

什么是高效呢？

就是最优状态除以最短时间。在第四步，最优状态我们已经执行了，那我们还需要找到最短的时间出现在何时何处。

什么是结果呢？

就是最优状态，除以最短的时间，再乘以重复出现的次数。

那我们就要决定，想让结果足够大，要让这样的重复次数出现多少。

当我们面对的纸本都充满了未被填写的时间轴时，让我们从以上这两个角度再理解一次时间管理，一切都会更加透彻。小任务逐个高效完成之日，就是大成功到来之时。

永远是这样，长期执行的力量来源于真正相信一件事情，且重复践行这种相信，并影响周围的人也相信这件事情。即使周围暂时看不见的，执行者看得见，时间也看得见。执行者无法敷衍自己，更不能敷衍时间。任何路径上有复杂度的问题与目标，都可以无限拆分到启动简单执行的步骤，重点是步骤要在时间中连续。愿望的达成，就是时间轴上一连串连锁反应，重点是要让它持续反应，不要停。

大多数时候，执行失败不是真正因为外界的阻挠，不是因为别人的破坏和捣乱，也不存在被谁打败了，根本原因还是出在自己身上，是自己被心中的怀疑、恐惧和自卑所打败，是自己让失败出现在彻底放弃的那一刻。一个好的愿望，一个好的路径，也会因没有执行完成而烂尾，会因为放弃才变得困难，甚至越来越困难。愿望的实现从事后看，像是一个正确连着一个正确，一个胜利连着一个胜利；但从过程看，会是压力连着压力，问题连着问题。这往往就是实现之路。

种一棵树最好的时间是 10 年前，其次就是现在。启动实现一个愿望最好的时间是写下来的那一刻，其次还是写下来的那一刻，那应该就是现在。

03 一生的计划

认识你的系统

去年过生日那天，我突然想到一件事：像每年的生日一样，我们每年也同样会有一个忌日，这个日子一定像生日一样，是个非常确定的日期，存在于每年的某一天，只是在那天来临之前，我们对它一无所知。

我被自己的想法吓了一跳。

忌日会不会就在今天呢？比如现在，天气晴朗，街上车来车往，老人牵着狗走过，我在黄昏喝了今年春天的第一杯冰镇啤酒，对多少年后我会在同样一个春天里告别世界浑然不知。

那一天也许也是天气晴朗，街上车来车往，老人牵着狗走过，一个人在黄昏喝了她春天的第一杯冰镇啤酒，透过玻璃窗望着这世界，胡思乱想。但那个人已经不是我，她正在看的这个世界已经没有我了。

想到这里，我简直无法再继续想下去，只感到深深的寂寞。

想到这里，却也觉得我需要好好地想下去。是的，每年都有一个忌日，无论我多不愿意承认人生有起止。

人们早已习惯把生日当作一个重要的计量节点去回顾、许愿，当作一些事的终止和一些事的开始。但所有人的人生都有两个刻度，尤其在成人的生命里，后面那个截止日会越来越重要。它负责给我们每个人发一张时间表，谜一样的时间表。

然后一切的一切，就都在这张时间表里。无论你打算怎么度过今生，让它绚烂或者平淡，爱一个人或者爱十个人，成为战士或者田园诗人，都得在这张表里完成，你可以展开无穷无尽的想象，但截止日是你最大的限制。

这本书里将讨论的一切，是关于我们如何才能把这张抽象的巨大时间表缓缓展开在我们的面前，找到当下这一格，并探知未来的每一格，看随着刻度的延伸，我们的命运会被时间带去哪里。在生日许下的愿望里，我们都想要好的命运，而唯有这张时间表会提醒我们忌日的存在，在那一天到来之前，我们的渴望和行动都还算数，我们还拥有兑现命运所剩时间的机会。这张大大的时间表就是我们的命运地图。

而这世间所有的时间、进度和目标管理方法的存在，一切手账和清单的初心，都来自我们对有限人生里完成目标和抵达目的地的渴望，或者说是我们对有限人生里的那些未能完成和求而不得的恐惧。

在这本书里，我们把这张巨大抽象的时间表一格一格绘制出来，看它在每一个人生场景中会呈现怎样的面貌，看我们如何在一格一格的完成行进之中找到依据和规律，最终连接成我们想要的命运。

这是一本工具书，所以我希望每一个读者能够充分地使用它。请允许我从现在起，把大部分人称代词换成“我”和“你”。

“我”就是我本人，这本书的作者，书中大量表单工具（解决方案）的设计者、实践者和讲解者，“你”就是正在读这本书的你，咱们见过面或者没见过，但在这本书里，我们是并排站在巨大时间表前面的两个小人儿。

我会展开我的时间表，以它为例，尽量耐心讲解我在 20 多年间如何一格一格地精细拆分、如何研究推进、如何解决问题，就像展开我的命运一样。你也要展开你的时间表，但我们的出发状态和时间截止日应该不太一样或者区别很大，所以你将看到的所有解决方案都是参考基础，都可以按你的需求调整改变。重要的不是表格，是如何设计表格，是设计后如何执行，是思考问题的方法。

读完这本书后，希望你能沉浸在自己专属的时间表和解决方案里，去展开属于你的命运。

在这第一章里，我们需要完成第一步——找到当下我们所在的这一格。当下所在的这一格是今天的起始点，为了找到它，你得向自己提出一系列的问题：

- 你是谁？
- 你要去哪儿？
- 你要怎么去？
- 你将以多快的速度到达？

以上是时间表内永存的 4 个问题，你将要终生面对和回答它们。无论处于时间表上的何时、何地，无论处于何种阶段和角度，你都应该可以随时做出回答；即使你暂时做不出回答，也最好正在努力思考着，你每天做的事最好都是为了探索这些问题的答案。

如果不讨论以上 4 个问题，就根本没有使用任何思考工具的必要，一切手账和清单都会形同废纸。

或许你探索了很久却还没有找到答案，或者找到之后仍在反复修改，但是如果你从未想过这 4 个问题，或者你的既有答案不是由你自己而是由他人给出，那么你的生活就一定会面临麻烦，而且麻烦还会持续出现。你就像是站在交叉路口或者给毛线团整理线头，一步错，往下走就步步错，或者是始终找不到线头儿，更谈不上找到起点和终点。

因此，我们必须想办法尽快给出答案。麻烦必须尽快解决。

给不出答案的原因有两种，分别是：

- 你没想过或不知道什么人是你将要成为的人。
- 你被迫选择做指定成为的人。

作为人，如果还处在这样的阶段，可以说是处在人生的初级阶段。这个阶段说得浪漫些，按照童话和电影里表现的那样，就是丑小鸭还没发现自己是白天鹅，孙悟空还没踏上取经之路，各种大英雄还不知道自己就是“The One”（那个人），还没到欣然接受使命的阶段。

这个阶段说得刻薄些，就是这时的人还只是一个会呼吸的生物，一堆肉泥，有一团混乱的情绪，还没发现此行的意义。也就是说，这个人还没有志向，没有信念，基本上就等同于没有灵魂。这就是一件有点儿悲伤的事了。

如果你是以上描述的两种人中的一类，你甚至会对这本书产生反感，觉得这是一本励志书，而励志书通常对你没用。你之前试过里面开具的相似药方，它们并没有对你起作用，你觉得励志很无聊，并且都是骗人的。

我觉得还是需要说明，我理解的志向是个囊括许多的泛指，不是指那些宏大、壮美的目标，甚至不是财富和成就。你可以把任何事物定为你的志向，任何能够唤起你激动、渴望和持久向往的东西，这里面必然包含着迷和爱这些私人化的体验，这些体验还能转换成持久的行为，否则就不能算数。

总之，不管是什么，你得先有个志向。如果还没有，就找到这个志向。

如果你还是觉得这是一本励志书，你也许会声称对“鸡血”和“鸡汤”都免疫。励志是对志向的激励，你如果连志向都没有，当然任何书和任何人都无法真正激励你。之前看书时，书里有声音喊出“奔跑吧少年”，你也曾感到浑身充满力量，想变成一个新人，想做一番事业，然而一转头周围所有人都冲出去了，你跟着跑了几步之后却只能疑惑地停下来。因为你不知道到底应该朝哪儿奔跑，你无处可去。

你说你免疫，那是因为你还没志向，不是一个奔跑者。你没在任何一条赛道上，否则奔跑者为什么要对加油者免疫呢？换个轻松的比喻，你不是一个歌唱者，还没站上任何一个属于自己的舞台，否则歌唱者为什么要对欢呼者和粉丝免疫呢？你以为宣称免疫是一件很酷的事，而真相是任何激荡人心的生活已和你无关。我只能说，站在巨大的时间表面前，这样的人生有点儿茫然和悲伤了。

我再次宣布，这是一本工具书，这本书要做的一件重要的事，是先帮助你探索你的志向（如果你还没有的话）。

可以这么说，人之所以伟大，除了会创造，还在于能够赋予事物意义。这些意义让人区别于动物，是因为意义能够超越饮食男女。

比如，人类创造了蜡烛，如果蜡烛会说话，它可能会这么回答时间表中的 4 个永恒问题：

- 我是一支没有香味的、20 厘米长、能持续燃烧一小时的蜡烛。
- 我希望在停电的时候被点燃，照亮一个家庭的客厅。
- 我需要在超市被买走，才能去到那个家庭。
- 我不知道什么时候才能被买走，因为没有腿，我只能等待。

在它被创造为蜡烛时，就被规定了本质，它不能选择。即使它的梦想是做一把剪刀，即使它在燃烧、给别人带来光芒时并不感到幸福。尤其是它无法改变它的长度，也不能主动走向它的未来。但没关系，毕竟它感受不到痛苦（你就不一样了）。

人类和蜡烛完全不同，人类和自己创造的一切物体都不同，人的存在先于本质，人的本质和意义是存在之后被自己找到的。以下是存在主义的主要观点，说尽了存在的真谛，虽然有点晦涩，但我建议大家反复阅读：

01. 存在主义，根据我们对这个名词的理解，是一种使人生成为可能的学说。

02. 存在主义的无神论者，这些人里面得包括海德格尔以及法国的那些存在主义者和我。他们的共同点只是认为存在先于本质——或者不妨说，哲学必须从主观开始。

03. 我们说存在先于本质的意思指什么呢？意思就是说首先有人，人碰上自己，在世界上涌现出来——然后才给自己下定义。

04. 人就是人。这不仅说他是自己认为的那样，而且也是他愿意成为的那样——是他（从无到有）从不存在到存在之后愿意成为的那样。人除了是自己认为的那样以外，什么都不是。这就是存在主义的第一原则。

05. 人确实是一个拥有主观生命的规划，而不是一种苔藓或者一种真菌，或者一棵花椰菜。在把自己投向未来之前，什么都不存在；连理性的天堂里也没有他；人只是在企图成为什么时才取得存在。

06. 存在主义的第一个后果是使人人明白自己的本来面目，并且把自己存在的责任完全由自己担负起来。

07. 不管人现在看上去是什么样子，他总有个未来要形成，总有个童贞的未来在等待他。

08. 至于“绝望”，这个名词的意思是极其简单的。它只是指，我们只能把自己所有的依靠限制在自己意志的范围之内，或者在我们的行为行得通的许多可能性之内。

09. 是懦夫把自己变成懦夫，是英雄把自己变成英雄；而且这种可能性是永远存在的，即懦夫可以振作起来，不再成为懦夫，而英雄也可以不再成为英雄。

10. 人生下来可以是异教社会里的一个奴隶，也可以是一个封建贵族，也可以是一个无产阶级。但是永远不变的是生存在世界上所少不了的，如不得不劳动和死。

摘自《存在主义是一种人道主义》

这些观点用今天的话说就是：你定义你，你塑造你，你成为你。至于人生意义，你认为有就有；至于人生真谛，你认为是什么就是什么。

按照这些观点，如果意义和真谛你之前都还没想清楚，这不能怨你。当你还完全不知道你是谁，将要去哪里时，你已经被父母生下并在物理上存在了。然后基于我们人类进化和基因的特性，为了打败持续间歇出现的痛苦和无聊，我们纷纷开始出发探索自己的本质，这就是常说的寻找人生的意义。

对咱们普通人而言，这可以简单理解为：大家都常常经历痛苦和无聊，但是每个人打败各自痛苦和无聊的方法都不一样，十分个性化。这个方法前人有一些示范，周围有一些引导，亲戚有一些包办，但归根结底还是得自己选择。当然，根据叔本华的研究，在痛苦和无聊之间还有短暂的幸福，那感觉十分纯粹。既然生命是由一系列瞬间组成，那么人生的宗旨应该是尽可能多地拥有幸福的瞬间。人和人区别很大，各自认知的幸福瞬间也就分了多种层次，无论被认为是肤浅还是高尚，人人都在寻找。

继续用蜡烛举例。比如，你一开始不知道自己是蜡烛人还是剪刀人，你自我研究了很久，又探索了一番，认定自己就是蜡烛人。蜡烛人会认为燃烧是美好的事，燃烧时的光明会带来纯粹的幸福。你作为蜡烛人，当然会付出极大的代价等那一小时的光明——一生就燃烧一次，一次就燃烧一生。你父母是剪刀人，他们认为剪裁布匹或纸张才是幸福，对你的选择感到很气愤、很失望。但你了解自己，你心意已决，你不后悔，因为剪裁布匹或纸张的时候，你不快乐。

以上差不多可以理解为：建筑师父母苦口婆心地劝孩子做建筑相关的工作而孩子却做了警察。

蜡烛是个有点儿高尚的比喻，其实纯粹幸福并没有定义，完全凭个体主观定义，如何定义都可以。其实，我一直认为，对那些有可能带来纯粹幸福的事物，无论我们称之为目标还是志向，其实都是人类对欲望的具象化、量化和阶段性处理。欲望又按照安全感、温饱、自我实现等分层，但对于人生命里的许多瞬间而言，能让瞬间构建和附着的事物必须具体。因此，你在人生的开端需要像密室寻宝一样，找到那些只属于你的“具体”。

总之，我认为它是那些让你终于拥有了、见到了、经历了就泪流满面，就觉得“这辈子值了，圆满了”的事情和时刻。这就是你的志向，如果你认为它是，那它就是。你定义你。

比如，如果你认定自己是蜡烛人并开始终生期待那燃烧的光明时，你就从会呼吸的生物变成了人，这一天将非常值得庆祝，因为你拥有了灵魂。

可能你会说我有灵魂，我有认知和感受，我失恋时辗转反侧，我读诗词、品红酒时也能伤春悲秋。这里我们应该区分，小情绪并不是有了灵魂才具有的能力，灵魂的真正能力是打开一扇门，而你被门后的世界击中，确认自己是为此而生、为此而活。

找到志向，找到灵魂，就像是找到原力、能量包和宇宙宝石那样的东西。你一旦找到它们，就可以接受使命，心甘情愿地踏上漫漫征途，并能够长时间忍受求而不得的痛苦。没办法，你在意什么，什么就折磨你。

你一旦找到它们，就会兴奋地频频展开时间表，看你又到哪里了、还能去哪里，就永远不会再提“随遇而安”这个词，因为对你来说，这世界早已不存在怎样都可以的境遇，万千境遇中，你只想要一个境遇：你要去那里，你就是想去。

你会将此时此刻视为命运，在深夜打开计划书写下神圣的目的地。你会渴望变成一个强悍、坚韧、期待冒险、日新月异的人。

现在，可以启程寻找了，你是未来所有的依托和原点，你只能从这里——你自己所在的地方出发。

再恢宏的蓝图，也需要你先画下一个准确的原点，找到你所在的格子。

那么再回到四个问题中的第一个问题：你是谁？

好，从今天开始，认识自己，再找到志向，践行只属于你的命运。

第一章要解决的问题是你能否通过有效归纳和整理一些日常问题，来完成认识自己的基础功课。

这只是开始，是基础功课，但很多人连基础功课都还没做过。

- 首先，你需要安静地独处，然后思考。
- 拿出一支笔，在后面的表格中记录。
- 你还可以为此在电脑中建立一个word文档，以便日后对照和更新。

首先，写下日期，然后，请认真回答和记录以下问题，回答和记录的原则是：

第一，坦诚。

第二，明确你写的是“你现在是谁”，而不是“你想成为谁”。

第三，先写下第一直觉，再反复思考，允许自己修改反复思考的答案，但请保留第一直觉的答案。

接下来的这些问题，将帮助你完成一些关于“我是谁”的基础整理工作。

一个生日，一个忌日

用一段话描述你的出生：像书写传记一样写下你出生的由来——比如你家族的迁徙，你的祖先落脚的那个乡村或城市。写下你所知道的爸爸和妈妈相遇时的情境，以及促使他们相遇的人生节点。究竟时间长河中的哪些事件是你出生在世间的一个个前提。写下这些前提。你可能会发现你的出生是微小概率，如此随机。你也会发现加上了时间、地点的描述，你看上去像时间长河里的一个主人公，这样的主人公你应该让他（她）有故事发生。

为了认知你出生的可贵，你可以再想象一下若你从未出生的情境。如果世界上从未有过你这个人：你爸妈走在相遇的路上，途中一个人突然改变了主意，导致他们当年没有相遇。或者修改那一刻精子与卵子的“结合程序”，你爸妈就会生下另外一个人。你是虚无的，你的肉体和意识从未存在于这世间，你之前的悲欢从未发生，就像你死后一样。

如果说这本书涉及的所有内容都围绕时间表的话，那么我们最应该把握的基础时间表就是一生的长度。

用数字测量你的死亡：首先认识你一生的长度，写下你猜测的死亡时间——你的忌日。比如我可以猜测我将死于 2080 年 5 月——60 多年后的一个春天。

按照这个假设，再写下从现在起到衰老时还可以供你充分体验生活的绝对时间。写下这个时间，比如 20 年。牢记这 20 年，这是使用本书的基础时间。因此，对于每个人来说，这个世界只存在到他死的那一刻。

写下你对死亡的理解：回忆你参加过的追悼会、你体验过的最亲近的人的过世，写下你当时最震撼的感受，是遗憾，是解脱，还是戛然而止的错愕？然后，写下你对死亡这件事的理解，死亡对你意味着什么？最重要的是，你此刻认为，你的死亡将对你意味着什么？你的死亡将对周围人和这个世界意味着什么？[1]

以上问题，已经距离“我是谁”这个问题非常接近，不需要在乎这些问题吉利与否，也不应该以为它会在很远之后才发生。然后你需要思考并写下，你的生命，你仅仅活过的这一次，唯一有记忆、有体验的此生，对你来说意味着什么？

无论意味着快乐，意味着忍受，意味着让他人幸福，意味着卓越，还是意味着体验，都请尝试归纳出你的定义并在此记录。这是非常重要的基础工作。

---

1 ［美］阿图·葛文德，《最好的告别》

据说有两种职业出的作家最多，医生是其中之一。无论是柯南·道尔、渡边淳一、契诃夫，还是我们所熟知的鲁迅、余华，都有过从医经历。医学和文学同样关注灵魂和肉体，并且能够高密度体验生离死别和喜怒哀乐。本书的作者同样是一位医生，深入浅出地讨论每个人都躲不过的衰老与死亡，该如何面对一天一天走近的生命终点。

认识人性的弱点

在认识人性的优点之前，更重要的是先认识人性的弱点。普遍的人性中，那些未来会让你陷于失望、惊讶、怀疑、仇恨和悲伤的东西，是你未来要应对的绝大部分问题和产生绝大部分情绪的诱因。[1]而且，连同他人的人性弱点，所引发的让你失望、惊讶、怀疑、仇恨和悲伤的情绪，也都是人性弱点的一部分。接受人性弱点的存在，然后再去观察优点，优点会显而易见且令人心存感激。

你可能在《圣经》的“七宗罪”和佛教的“贪嗔痴”中，发现里面描述的每一种弱点。现在，我们需要做的是整理我们真实生活中存在的弱点。

再来判断有可能最厌恶你的那一个人或那几个人，然后假设你是他们，判断他们所认为的你身上的人性弱点。如果那些弱点是贪婪、恐惧、虚荣，就如实写下贪婪、恐惧、虚荣。这几个形容词非常重要，一定要毫不留情地写下来，在未来你做重大决定时，可以翻回来查看。

这部分尽量整理得坦诚一些，因为正视人性弱点的存在，是改变的开始。在未来的漫长岁月中，我们要做无数的事情去面对和克服它们。[2]

---

1 ［美］史蒂芬·平克，《白板》

作者平克是一个语言学家和认知心理学家。他在书中旁征博引，从心理、大脑、基因和进化科学的层面论述了人性。

2 ［英］毛姆，《刀锋》

人性不仅存在于学术理论研究里，在文学里也能找到。毛姆被认为是最了解人性的作家之一。在《刀锋》中，他创造了两个探究人性深处的文学形象：泯然于享乐物质世界的伊莎贝尔和不断追问人生意义的拉里。你一定也会在这两个极端光谱中找到自己的映射。

你出生就拿到的那手牌

如果你曾接触过任何一个自我分析的工具，不限于星座、血型、八字、周易，以及各种人格测评，包括九型人格测试和 MBTI（迈尔斯布里格斯类型指标）测试，都可以充分地参与。无论你曾经主动地参与过哪一种测试，无论你自己是否觉得这些测试十分科学，都请先写下你在测试中得到的结论。比如你比较认同你的星座特征，无论它是不是一种暗示，如果你用过类似星盘或塔罗牌等测试工具，也请写下当时的判断，使用这个判断的依据是它让你觉得：哇，好准确，这就是我。当你觉得“这就是我”的时候，就可以使用这个判断、写下各种测评对你的定义。

第一，这是一种自我暗示的依据，可以看出你接受过哪种暗示。第二，无论你参与过哪些了解自我的测试，这都是在认识自我路上的一些尝试，这些尝试都是宝贵的，说明你在对自我感到好奇。第三，绝大部分天赋都来自遗传，如果你做过基因测试，可以写下基因测试中最确切的结果。在这些测试里，我们需要明确通过遗传得来的天赋是什么。这些天赋包括遗传得来的优势和劣势。

什么是天赋呢？天赋就是，与掌握一项技能或接受一个概念的平均时间相比，你可以通过更短时间的接触和学习，就能达到平均以上的水平。这种天赋大部分来自遗传，所以我们需要最先观察和了解自己的父母。

写下父母带给你的先天特质。

比如，从婴儿开始，人与人的个体特质就显现出极大的不同。在妇产医院的育婴室里，同样环境下饥饿的婴儿会有完全不同的表现，有的号啕大哭，有的低声抽泣，还有的默默等待。

很多年以后，这些婴儿长大，当他们遇到挫折濒临崩溃的时候，你会发现有人是暴躁的，有人是沉默的，有人选择伤害他人。很多神经上的影响往往来自遗传，人出生时候就注定会有。

天赋的差异尤其显现在认知和技能方面，几乎包含未来谋生技能的方向与幸福感的来源，无论你的天赋强项是数学还是美术，你应该做的都是顺应而不是背离。

之后的教育和价值观的培养当然会带给我们更深远的影响，但基因遗传密码是我们认识自我和开始一生的基础。[1]

你的肉身

你要认识自己作为一个哺乳类动物的存在，了解有机生物体运作的方式。想要有健康地活着的基础，首先你要懂得生物和医学的

---

1 [美]伊莎贝尔·布里格斯·迈尔斯,《天资差异：人格类型的理解》

MBTI 是国际比较流行的职业人格评估工具之一，可以对一个人的动力、信息收集、决策方式、生活方式等进行综合评判。我的测试结果是 ENTJ（外向，直觉，思维，判断），即元帅型。

[美]戴维·丹尼尔斯、弗吉尼亚·普赖斯,《九型人格：自我发现与提升手册》

九型人格（enneagram）指的是九种不同的类型或风格，每一种类型都代表一种世界观和性格原型，使人们对世界、对他人和对自己的看法、感受和行为产生共鸣。同时，你还可以通过测评结论知道他人是如何看待自己的，以及相互间又是如何共处和影响的。

[美]菲利普·津巴多、约翰·博伊德,《津巴多时间心理学》

本书帮你了解自己到底是如何看待和处理时间的，包括过去、现在和未来。这本书可以告诉你，你的观念严重影响你使用时间的方法，你的行为是基于你对时间的观念。你其实可以选择重构过去、诠释现在和构建未来。

常识。这里有几本入门级医学书籍，你可以对照自己的身体状况阅读并坚持读完。[1]

认识身体是为了更好地使用身体，生活习惯和运动习惯都需要建立在了解的基础上。对你来说，一天睡几个小时才足够？你的生物钟适应早起吗？你是爆发力强还是耐力好？当你锻炼的时候，你的肌肉增长得快吗？还有你的休息方式，你是通过什么方式快速补充体力的？先天能量存在差异，当你做事时是否能够持续保持专注？还有风险偏好，比如你是喜欢高风险还是喜欢稳定生活？这些都与你的内啡肽和多巴胺的分泌情况直接相关。

小念头和大兴趣

大部分的人生都是由人的情绪和直觉决定的。你的情绪和直觉也是真正令你高兴或悲伤的原因，认识到这些原因，你便能够抽离地观察自己，这是做决策时的重要能力之一。

如何认识小念头呢？

---

1 ［美］悉达多·穆克吉，《基因传：众生之源》

你能想象吗？中世纪的民间传说认为众生之源是一个极小包裹内的缩微小人儿。众生之源的观点在几百年中不断被推翻，不断建立，最终我们识别出脱氧核糖核酸的双螺旋结构，通过检测了解基因自带的优势和劣势。本书是磅礴的人类奋斗史，是人类科学之光。

［美］罗伊森，《YOU：身体使用手册》

对身体的使用方法，可以直接反映出其生活质量、生活理念和价值观。健康的身体和明亮发光的面容发出的讯号是：身体是大地，我重视身体，我从不摆荡在无谓的欲望中。当然科学理论日新月异，这本书中有些问题很复杂，仍然存在争议。

先尝试如实地记录生活中的一些小快乐和小悲伤。你在什么情况下会触景生情？在什么感召下会灵感乍现？在什么环境下容易进入专注的心流？这些都是小念头，也是很多事的入口和开关。

为什么要记录小念头呢？小情绪会引发大决策，小情绪往往是很多事的第一块多米诺骨牌，带来的波动会给我们的人生造成一个很大的蝴蝶效应。

记录小念头需要训练，当小念头泛起的时候，无论是惊喜、悲伤，还是灵感乍现，你都努力要求自己抽离出往常的视角，能够从旁观察到它。当你能观察小念头的时候，就可能避免大部分的人生决定完全凭情绪做出的情况。单凭情绪做出的决定，都不是在明确方向和广泛收集数据基础上理性思考的结果。

除了小念头，你还要认知大兴趣。这些兴趣通常是火把和灯塔，能指引我们前进的方向。

兴趣和天赋是有本质区别的。天赋一定是当你付出平均水平以下的努力时，也能够得到高于平均水平的结果。在某方面有兴趣不代表你在这方面的操作技能高过平均水平，兴趣只代表你接触、领悟、感受到它的时候会更高兴。比如你喜欢古典音乐，有美好的私人体验，但你无法自己演奏，你的鉴赏和品评能力也不能使你胜任一个行业里的鉴赏家。

但大兴趣不一样，大兴趣会让人浸入、沉迷、废寝忘食。“不疯魔，不成活”就是大兴趣。大兴趣就是热爱，是你愿意为下一个幸福时刻的到来奉献时间和付出努力。已经拥有大兴趣是特别幸运的事，如果能完成定位、找到方向、明确意义，你甚至不需要读本书了。

如果你还没有，那么找到它。大兴趣会决定我们的方向，而天赋和努力会决定我们的高度。[1]

探知边界

凡是在你的认知体系里出现过的，都有局限。思考问题和下判断时你可以在判断句后加半句话，例如：我认为 ×××××，但我的认识是有局限的。

只有认识到局限，我们才能走得更远，知道得更多，才会把自己的界限推向远方，探知边界，让有限的人生体验最大化，这也是本书想要实现的真正意义。

第一部分是了解自己价值观的局限。你认为最宝贵的事是什么？无论你认为它是什么，它都是你的这一生、你存在的这个历史时期里、你所能感受到的一切事物中，相对局限的一个选择。

那么同样，别人的价值观和别人认为最宝贵的事，也是他人的局限。你有你的，他人有他人的。所以无论你知道了什么，都是存在局限的。无论你还将知道什么，也还是有局限的。你要认识到人与人的格局和眼界由于各自局限无法连接，共处不必非要达成共识。大家各有各的时间表，在你的表上多做拓宽自己的事，同时少为他人的局限浪费时间。

---

1 ［美］R. P. 费曼、［美］R. 莱顿，《别逗了，费曼先生》

不妨多看一些科学家的自传，比如生物课上学过的、做豌豆杂交实验的孟德尔，又比如物理学家费曼先生。在他们的眼中，除了大兴趣，其他都是苍白的甚至完全透明、不存在的。

第二部分是了解自己认知的局限。你需要概括地写下你认为自己已知的一切，包括你在专业上的深造程度、你掌握的各项技能、你熟悉的文化领域、你对世界各维度的了解等。罗列此刻你所有的认知，为了突破自我局限做准备。这些是非常具体的、你在巨大时间表的当下格子中的状态，你的认知起点比你的生长环境和年龄都重要。

在已知的基础上，你就可以开列你未知且想要知道的一切。未知的一切，包括你接下来想了解的任何一个学科、想探索的国家、想去的旅行，也包括尝试恋爱、结婚和生子。这都是你未来想去体验的一切。这一部分，将在本书的“收集世界”里有更多展开，协助你开列更具体的清单。

我们要通过整理记录和开列清单告诉自己，此生有限，即使你想要去未来，把你的边界与知识的储备推向远方，在时间表上看，无论你做出何种努力，它的结果只能是存在局限的。因此，在唯一的、短暂的生命中，做什么、不做什么、能做什么，就显得异常重要。既然如此，我们志向里每一步的目标，都最好能够又科学又顺利地实现，那我们就永远需要拥有清晰有效的解决方案。

以下是我本人价值观的重要组成部分，同时也是我的局限：

- 珍视自己有限的一生，期待它的丰富和饱满
- 始终坚持由自己定义和勾勒自己的理想模样
- 不停地向内探寻自己的真正喜悦
- 不停地向外探索自己的能力边界
- 不放弃塑造成为期待中的自己
- 坚持通过阅读、观察和思考自我输入

- 坚持通过书写、总结和复盘巩固成长
- 相信更好的自己与自律息息相关
- 相信自律和核心一定体现在身体管理和时间管理上
- 相信阶段性的进步要依靠设定目标和完成目标来达成
- 坚持通过知识、经验和教训来矫正自己的目标
- 相信目标的达成由想象力、执行力、条件积累和决策力共同构建
- 明白自己的人生命运归根结底要靠自己掌握
- 明白在做出选择之后，要对自己生命的一切负全责并承担全部义务
- 相信时间看得见

看待关系

关系是我们永远无法摆脱的，包括我与自己的关系、我与他人的关系、我与事物乃至自然的关系。每一个人，不管其是否意识到，都在同时面临着这三大关系，它们互相交织，在不同场合有所侧重。

在本书中要讨论的解决方案，兼具着“我与他人的关系”和“我与自己的关系”，但既然是自己的人生时间表，那么使用本书的一个先决原则就是“人要过为自己而活的人生”。为别人而活的人生，未必就是为他人奉献，也包括对他人目光的畏惧、期盼，以及故意反其道而行。

"我与自己的关系"是所有心理学和哲学范畴里讨论最深远的、最难以描述的问题，但是我们可以用一些相对简洁的方法尽可能地描述它。

在这里写下第一个问题：请描述你和自己的关系。你可以用一些通俗的词，比如说：你是自恋的，你是嫌弃自己的，你是对自己某方面不满的，你是对自己充满期待的，你是对大多数时候的自己满意的，你是对情绪好时的自己满意的，你是对能够理性控制自我时候的自己满意的，甚至你对自己是感到失望的或者绝望的。

第二个问题：描述你和你最亲密的人的关系。可以一一列举，也可以挑选你认为最重要的，对你影响最深远的人。这个人和你的关系非常重要，你写下的时候，你会知道这个人对你的评价、对你成长的作用，他（她）在你们的关系里对你的期望。如果他（她）是你的父母，那就像我们常说的原生家庭一样，其影响会非常深远。基本上，一个人的人生过程，就是你和你身边最重要的几个人相处的过程。这个过程里的关系，你认识得越透彻，应对得越科学，处理得越得当，人生的快乐相对越多。[1]

第三个问题：请描述你与你最感兴趣的事、最想达成的事、最喜欢的事的关系。这对应了本章内容"认识你的大兴趣"。

很难说你与事的关系和你与人的关系哪一种更重要。如果把"搞人，做事"和"搞事，做人"相比较的话，我认为在工作中坚持搞事并把事搞出结果、拿成绩说话更让人踏实一些，正所谓"武艺傍身，行走江湖"。

1 ［英］阿兰·德波顿，《爱的进化论》
作者以上帝视角，用文学手法记录了一段亲密感情的完整发展过程：从飞机上的偶遇开始，到人脸、性与爱、求婚、进入婚姻围城后的一地鸡毛。每个人都能从不同阶段中找到自己。

本书接下来的几章会主要讨论“我与事”的关系。你会发现，在所有对问题的认知和对方案的执行过程中，“我与事”的关系最后都会幻化成“我与自己”的关系。自己是那一个面对事的自己，带着局限与弱点，可能表现为自信的、胜任的、手足无措的、遗憾的自己。与此同时，自己又是在与事的交锋中逐渐形成的，人是通过事反过来塑造和定义自己的。不怕事，多经历事，多应对事，因为时间表的一格格、人间游戏的诸多任务，都是由一件件事组成的。[1]

在描述“我与事”关系的时候，你会发现，完成时你与事的关系最简单，基本上会像恺撒的那句话：我来了，我看见了，我征服了。但凡有你没有达到和征服的事，你与它之间，就是仰望和追求的关系。因此我特别想说，本书要介绍的工具，与其说是成功学的各种实现工具，不如说是让人持续获得满足感的工具。我们的人生不该是叔本华的钟摆理论——达不成就痛苦，达成就会幸福一瞬间，然后陷入平庸。我们的人生应该是安静下来，全身心地去做一件你渴望的事情。不必等到明天，不必等到下一刻。如果你想要日常的快乐，快乐就在那些当下细微行动的每个达成里。

---

1 梁漱溟，《东西方文化及其哲学》

梁漱溟提出了三种不同的意欲方向。第一种以西方为代表，反映了作为动物的人的基本问题，说明人对食物、住所、繁衍的需要。第二种是趋向于自己与环境协调，在意欲本身的要求和环境之间求得一个平衡。第三种是意欲回到自身去寻找自我的否定。梁漱溟认为，人类对这三种问题的解决是次第进行的。在人类生存的原始阶段，人们企图通过改变环境以满足人类有机体的基本需求。在满足基本需求以后，人们开始意识到要获得情感丰富、令人满意的生活这个问题，即在真正享受已获得的物质财富的同时，去发现生活本身的乐趣，在获得内心的满足和外部的财富之后，他们就面临着真正永恒的问题：尘世的暂时性和死亡的必然性。

不断追问和不断定义

以上每个问题都需要不断追问和不断定义，大概会贯穿整个时间表。对于认识自己这件事情，我们自始至终都在路上。

这意味着迷茫和自我怀疑是一种常态，我们终其一生都在用不确定的自己去拥抱不确定的他人和世界，而在截止日来临之前，我们连未来还有多少时间都是不确定的。孤独和迷惘的人类，千百年来都是在不确定中寻找确定，包括你和我。

我可以肯定的是，随着时间的推进，旧的迷茫和自我怀疑的痛苦会减轻，但新的痛苦又会袭来。这些体验会循环往复，没有一个万般皆好、完全通透的状态。

所以，要不停地告诉自己，我正在路上，我正在认识自己，如果多认识一分，在这条道路上，自己的人生就多了一分依据。无论快乐还是痛苦，这条路都有终点，终点就是时间表结束之时——死亡。[1]

---

1 ［古罗马］马可·奥勒留，《沉思录》
《沉思录》的英文名是“To Himself”，是马可·奥勒留写给自己的日记，用今天的话说就是每日复盘。本书为清单式的内容，篇幅不长，可读性高。马可·奥勒留是斯多葛学派的代表人物。斯多葛（Stoics）是古希腊的一个哲学学派，主张符合自然，控制能控制的部分，接受命运中不可控制的部分。黑格尔评价斯多葛学派的出现是“人类精神历史上第一次意识的自由”。

*互动引导和填写

苏格拉底说："认识你自己。"

这一章的内容，无论是针对整本书还是整个人生来说，都必须经历、无法逾越、没有捷径可走。

即使你已经稀里糊涂地有了现在的状态，即使你觉得现状还不错，你总会重新回到这一章所涉及的问题中来。

接下来这些问题，即使无法言说，也要尝试；即使思考无益于当下的生存，也应该思考。世上不存在一个系统学科是让我们充分认识和发现自我的，但有很多相互交叉的学科，比如哲学、心理学、社会学。从任何一个学科切入来认识自己，都是一个漫长的系统工程。但我们需要的是现在马上应用，改变我们和我们的生活。

当你完成以下问题后，大致就完成了使用这本书所需要做的第一部分基础工作。

- ○ 首先，你需要安静地独处，然后思考。
- ○ 拿出一支笔，在后面的表格中记录。
- ○ 你可以为此在电脑中建立一个 word 文档，以便日后对照和更新。

然后，请认真回答和记录以下问题，回答和记录的原则是：

- 第一，坦诚。
- 第二，明确你写的是“你现在是谁”，而不是“你想成为谁”。
- 第三，先写下第一直觉，再反复思考，允许自己修改反复思考的答案，但请保留第一直觉的答案。

尝试回答以下四个问题：

1. 你是谁？

2. 你要去哪儿？

3. 你要怎么去？

4. 你将以多快的速度到达？

这四个问题，我们还将在后面不断翻回来对照。这四个问题，你将终生面对和回答它们。如果不讨论，这本书形同废纸。

用一段话描述你的出生：

像书写传记一样写下你出生的由来。

预测这一生的时间：

牢记这段时间，这是你使用本书的基础时间。

写下你对死亡的理解：

你的死亡将对你意味着什么?你的死亡将对周围人和这个世界意味着什么?

写下你所钦佩的一个人或几个人，写下引发你情绪的事件：

归纳出这些事件所映照的形容词。

写下你所希望获得的品质：

这些词语将是行为改变的开始。

写下你父母带给你的先天身体特征：

了解哪些身体特征是通过遗传得来的，比如代谢能力、体质、外貌特征。

写下在成长过程中被辨认出的天赋特征：

你可以通过更短时间的接触和学习，就能达到平均以上的水平。

回答以下问题，更了解你的身体：

认识身体是为了更好地使用身体，生活习惯和运动习惯都需要建立在了解的基础上。

身高:	体重:
BMI（身体质量指数）在正常范围内的体重:	
血型:	静息心率:
过敏史：	
一天睡几个小时才足够?	你的生物钟适应早起吗? ○ 适应 ○ 不适应
爆发力强还是耐力好? ○ 爆发力好 ○ 耐力好	当你规律锻炼时，肌肉增长得快吗? ○ 是的 ○ 不是
你可以通过什么方式快速补充体力?	
当你做事时是否能够持续保持专注? ○ 是的 ○ 不，并不能	你喜欢高风险还是喜欢稳定生活? ○ 高风险生活 ○ 稳定生活

在这一节中，对自己的每一个方面从1到10进行评价。

这应该让你知道你身体的哪些方面做得很好，哪些方面需要更多关注。

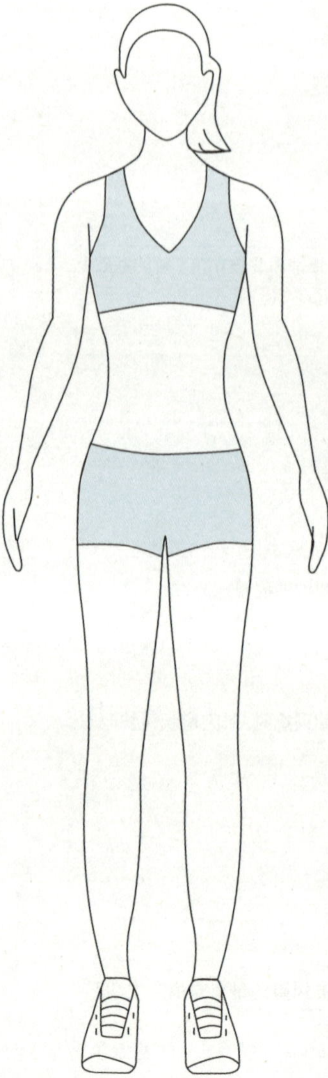

你是否在大多数时间里用健康的食物来滋养你的身体?

① ② ③ ④ ⑤ ⑥ ⑦ ⑧ ⑨ ⑩

你是否经常锻炼?

① ② ③ ④ ⑤ ⑥ ⑦ ⑧ ⑨ ⑩

你有足够的睡眠吗?

① ② ③ ④ ⑤ ⑥ ⑦ ⑧ ⑨ ⑩

你有一个理想的睡眠时间吗?

① ② ③ ④ ⑤ ⑥ ⑦ ⑧ ⑨ ⑩

你是否在大部分时间里感到精力是充沛的?

① ② ③ ④ ⑤ ⑥ ⑦ ⑧ ⑨ ⑩

你是否花了必要的时间放松和休闲?

① ② ③ ④ ⑤ ⑥ ⑦ ⑧ ⑨ ⑩

你是否在大部分时间内感到身体是舒适的?

① ② ③ ④ ⑤ ⑥ ⑦ ⑧ ⑨ ⑩

你在什么情况下会触景生情？你在什么感召下会灵感乍现？

记录小念头需要训练，当小念头泛起，要求自己抽离出往常的视角，避免情绪化决策。

你在什么情况下容易进入专注状态？

这很可能是你的大兴趣所在，让人浸入、沉迷、废寝忘食，源源不绝。

你认为最宝贵的事是什么？

无论你认为它是什么，它都是你的这一生、你存在的这个历史时期里、你所能感受到的一切事物中，相对局限的一个选择。

了解自己认知的局限，概括地写下你认为自己已知的一切。

罗列此刻你所有的认知，为了突破自我局限做准备。

你在专业上的深造程度	
你掌握的各项技能	
你熟悉的文化领域	
你对世界各维度的了解	

请描述你和自己的关系。

可以用一些通俗的词汇，比如说：你是自恋的，你是嫌弃自己的，你是对自己某方面不满的，你是对自己充满期待的，你是对大多数时候的自己满意的，你是对情绪好时的自己满意的，你是对能够理性控制自我时候的自己满意的，甚至你对自己是感到失望的或者绝望的。

描述你和你最亲密的人的关系。可以一一列举，也可以挑选你认为最重要的、对你影响最深远的人。

这个人和你的关系非常的重要，你写下的时候，你会知道这个人对你的评价、对你成长的作用，他（她）在你们的关系里对你的期望。

请描述你与你最感兴趣的事、最想达成的事、最喜欢的事的关系。

这对应了本章内容“认识你的大兴趣”。

把愿望纳入一生的计划

绘制命运地图，填写“一生的计划”。

这是整本效率手册的真谛，一切一切的源起。我非常珍视和深爱的是每一本趁早效率手册印在最后几页的计划，也是我高中时就被震撼到的表姐的计划[1]，也是我23岁起就在电脑里用word文档正式写下的、每一年都在更新的计划。希望大家都深吸一口气，就像我当年第一次填写那样。请慎重地填写它，因为它真的会应验，会自证，会照耀和引领我们的一生。

无论是否首次使用，在正式开启趁早效率手册之前，请先翻到最后“一生的计划”部分，填写或更新你的一生计划。这是整个手册的核心，因为有方向才谈得上到达。

当然，也有人问我，如果我把我的梦想和很多小心机都填在本子里，不小心被人翻到，会不会不太开心？你可以像我一样，选择在电脑里创建一个空白word文档，也请按照这个格式填写。介质并不重要，重要的是一生的计划中的梦想，是你每天藏在心中的愿望。

1　王潇，《按自己的意愿过一生》

我成为计划迷的原因，往回追溯，其中关键性的转折人物是我的表姐，在她家度过的那个高中暑假是重要的转折点。关于表姐的故事收录在《按自己的意愿过一生》一书中。

希望你能够在很多人生时刻不厌其烦地使用它。现在我们需要假设你来到了一生的末端，往回看的时候，你是谁？你想做什么？

第一步，现在想象，你的一生已经过完。可能是 80 岁、90 岁，医疗发达了也可能是 100 岁。想象你有一个追悼会，有一个讣告，有一块墓碑，上面有一句墓志铭。首先在上面写下你的名字、出生和往生的年份。

很多人说这样写多不吉利，这样写多不开心。但不可否认人人都是向死而生的，无论吉利与否，出生和死亡这两件事都一定会发生。时间有限，我们要做一生的计划，就需要知道一生要有多长。以我为例，我的墓碑上会写着：王潇，出生于 1978 年，女性。她哪一年往生的呢？这么勤于锻炼，我猜我身体素质不错，也许我能活

“一生的计划”手稿

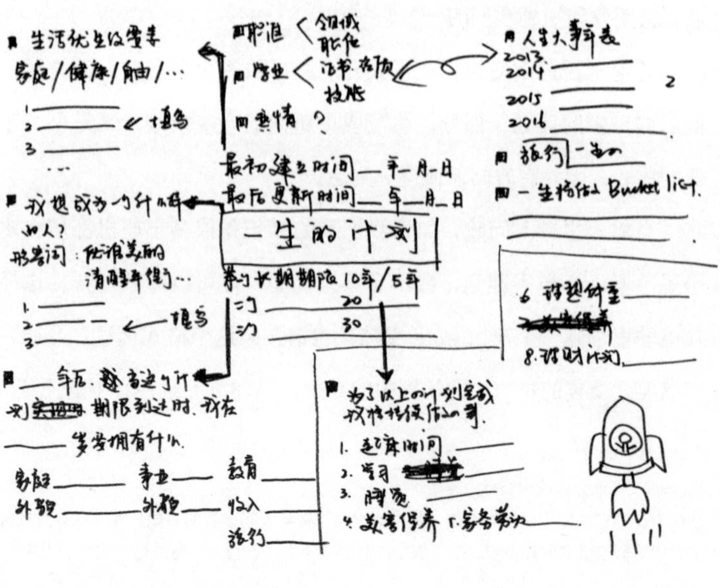

到 90 岁，即在 2068 年往生。通常你会比我年轻很多，可以写 2088 年或者 2098 年甚至再往后推。

然后，请写一句墓志铭。我的已经想好了：这个人，按她的意愿过了一生。我非常喜欢这句话，因为它美好得令人心醉。

第二步，若我拥有 90 年的生命，至今年（2021 年），我已经用掉了 43 年。在剩下的日子里，我希望怎样书写我的一生呢。接下来，我们要练习写自己的生平。生平是什么呢？就是别人在你的追悼会上宣布的、朗读的内容。

你希望别人怎样评价你呢？你希望在一生的结束时如何回顾自己呢？

我希望我的生平是：

我希望我是一个不错的妈妈，让女儿问问能够获得良好的教育，成为她自己；我希望我是一个好伴侣；我希望我在一生中出版 15 本书；我更希望我经营了一家成功的企业，在我生命终点的时候它成为一家无论在商业上还是社会上都非常有价值的企业，其生产的产品和提供的服务能够帮助 5000 万人找到并达成他们的人生目标。

当我们对自己的一生有了淋漓饱满的想象，才有可能倒推拆分到每一年，每一年拆分到每个月，每个月再拆分到每一天。这些都是靠生平来计算的。

为什么我们要练习写生平？因为在人生中，我们太容易被周围的人蒙蔽双眼。我们的亲人，对我们来说很重要的人认为什么是应该做的，什么是重要的？或者是被虚荣蒙住了眼睛，认为我们应该买这个，我们应该争取那个。只有我们在写生平的时候，才能练习以终局的角度往回看，才知道什么对于自己是最重要的。

在你即将结束一生的时刻，你闭上眼睛，脑海中闪回人生大部分重要时刻的画面，你希望出现的是哪部分？

如果你正在经历着一件烦恼的事情，这件事情在那一刻还会令你烦恼吗？如果不是，你可以忽略它。在做抉择的时候，眼下是退还是进？如果在生命末年，你没有做这件事情，你会遗憾吗？如果遗憾，就去做。

这种思考方式帮助我写下了我的生平，也帮我做了很多选择。这是我们一定要做的功课。你一定要有方向，你的方向是可以量化的。第一个需要量化的指标就是你生存的时间。

既然已经有了生存时间，接下来我们来练习切割。在每个10年我们都想完成什么呢？从现在这一刻到你生命结束，试着将时间切分。然后你会发现，此后的20年可能更为重要，真的能计划出一些东西。

切分到10年以下，就可以转移到“一生的计划”这个战场。

第一步，你要填写最初建立的时间，就是今天，此时此刻。然后填写最后更新的时间。如果你用电脑的话，最好记录下每一次更新的时间，它能够帮助你去对比每一次实现的差距和时间周期。每一次文档都“另存为”，保存着每一段周期。

我在开始的几年中没有重视这件事，每半年、每1年更新的时候没有设置“另存为”，而是直接覆盖原文档。我非常后悔。因为我非常想知道不同时期所完成的任务效果，1年看不出效果，3年也没那么明显，但是5年、10年过后，效果就会看得见。我们真的不要低估漫长时间产生的改变力量。也就是说，如果我保留下来中间几个年份的更改记录的话，肯定会非常惊讶于自己的成长。保留你成长的痕迹，把它“另存为”新的文档。

把留存人生的第一阶段写进来，我当时写的是10年。计算一下，把预估的实现日期写下来。量化你的愿望，因为一切事务都有期限，写下你心中的期限。

第二步，你要确定生活中的优先级要素。很多人会忽视这一步，但它非常重要。你认为什么要素优先，你就会在什么方面花费时间，最后你生命呈现的轻重次序就会是什么样。现在手册中印刷的家庭、健康、自由、事业、朋友、学习、旅行等，是我本人的一些参考要素。

第三步，你要写下想成为一个什么样的人。这里写下的应该是一些形容词，是你所想象的人生状态、你对榜样人格的一些描述，比如优雅美丽、清醒平衡、真才实学等。你在真正执行趁早效率手册的每一天、你坚持不下来的时候，或者对自己的评价开始存在偏颇，又或者旁人的一句评价模糊了你的定位，翻到这一页，重新定义自己，你会得到非常确切的自我激励。

第四步，你要确定在多少岁拥有什么。从这一步起，你将开始烦琐地细分，但我希望你一定要写，这是你自己给自己的KPI（关键绩效指标）。目标必须量化，只有量化后才能切分。家庭、事业、外貌、教育、收入，都是可以量化的。无论你向往什么，一定要写下来。

想象力要大胆，把想象力之上的那个场景写下来。只有写下来，才有可能再向下切分到每个月，才能到每一周，才能到每一天。量化是一种手段。

这是你向若干年后的自己下的订单。下订单，意味着你要做交付订单之前所有的工作，手账不是许愿池，趁早也不提供许愿池。很多人问我有什么信仰，我希望自己能得到我做完所有努力之后的运气，我会做完我该做的一切。

第五步，确定为了实现以上的计划你将持续做的事。在上一步中，我们把大计划拆分到每一天，然后重新设计每一天的日程。这一步中的起床时间、学习内容、睡觉时间、理想体重，都是与你的优先级匹配的。之所以列出，是因为我相信这是几乎所有人都应该重视的。当然，这不是唯一标准，你也可以根据自己的优先级，列出你喜欢的。

第六步，你要写下你的学业和职业生涯。这里囊括的填写项非常具体，包括领域、职位、证书或资质、技能。不要认为它们很世俗，它们是我们前进的敲门砖，不妨通过努力得到它。我们得到了，我们看过了，我们觉得不过如此。但首先，只有得到，才有资格评价。

第七步，你要定下人生大事年表。这是在我表姐的故事中最为震撼的一部分。你有足够的人生履历的时候，就会发现，你的每一年都存在里程碑，每一年里面都可能有你人生的决定性瞬间、你的黑天鹅事件、你人生的转折点。把它们记下来，是为了在以后的漫长岁月里，它们能够被你辨认出来。当你获得一种能力，站在人生米字路口的时候、辨认自己人生潮水方向的时候，就会有比原来更多的掌控权。

本来我们对趁早效率手册最大的期望就是，这个手册是你的自传，你要书写它，当然你要编年。

第八步，你要写下一生会去旅行的地方和一生将做的若干件事。这两部分能帮助大家做终级判断。尤其是一生将做的若干件事，你可以用清单的方式列举你想成为的人、你想去往的地方、你想拥有的财富、你想去看的风景，并一件一件打钩。最后你会发现，引导你的并不是打钩的动作，而是打钩前一系列准备的过程和到达目标一瞬间的幸福感，以及奔赴下一个目标的决心和希望。这些将贯穿我们激动人心的一生。

至此，整个一生的计划完成。无论你写的时候有多么艰难、多么想不明白，都要努力写下去，如果你觉着害羞脸红，是因为你还是没有掌握梦想的真谛。梦想就是要狂野的，你先要能想到，才有可能去实现。当你写完，你会发现效率手册里面的愿望清单、读书观影清单、身体管理坐标轴，它们只是你的一生计划向下的拆分。

只要“一生的计划”完成，你就会突然懂了“我要去哪儿”。你做的每一件事情，只分为两种：有利于完成我的计划的事和不利于完成我的计划的事。我们每个月都这样思考，在手册的月计划页中，我帮助大家梳理了趁早正向生活的六个维度：专注、沉迷、重要的关系、以及运动、饮食、睡眠。我们所做的计划和决策，通常都会与这六个维度息息相关。

填写“一生的计划”只是一个开始，重要的是更新它。你会发现，你也会像当年的我一样，品尝到胜利的喜悦或者阶段性的沮丧。你会发现，你的梦想太宏大，你竟然敢写下这样的梦想。没关系，这些自我怀疑每个人都有，重点是你要找到方向，不停地前进。在愿望到来之前，你就准备好了这一切。

*互动引导和填写

一生的计划

As long as you are dreaming, believing and doing, you can go anywhere and achieve anything.

如果你是第一次填写，建议完成后在电脑里也建立这个表单，随着成长，时时更新；如果你早已是趁早效率手册的忠实拥趸，相信你已经拥有一套自己的一生计划，可以把它的最新版誊写到手册上。计划是去处，是意义，它们是最重要的出发点。未来不可浪费，愿你得到计划中的一切。

最初建立时间：

如果这是你第一次用文字全面呈现你的愿望，那么这一天就是你人生中的历史时刻。

最后更新时间：

愿望可以一直更新，很多年以后，当你再拿来和最初建立时做比较，你会看到奇迹。

这个人生计划为期　　　　年	实现时间：

量化你的愿望，一切事务都有期限，写下你心中的期限。

下面，让我们完成人生计划表吧！

生活中的优先级要素

在你价值观系统的基础之上，确立所有事务的优先级。即，在有限的生命中，什么对你是最重要最宝贵的。这有利于在未来面对抉择时，保持头脑清醒。

参考：家庭 / 健康 / 自由 / 事业 / 朋友 / 学习 / 旅行……

1.
2.
3.
4.
5.
6.

成为一个什么样的人

闭上眼睛，想象理想中的你自己和人生状态，然后用你能想到的形容词描述出来。

参考：美丽优雅 / 清醒平衡 / 真才实学 / 不熄的灵感 / 懂得爱 / 拥有爱……

1.	2.	3.
4.	5.	6.

N年后，当这个人生计划期限到达时，在______岁，要拥有什么

注意，这里将要填写的一切都是量化的，这是你向你自己下的订单，这一切你都将用精力和时间去兑换，因此所有内容要尽量具体。

□ 家庭	
□ 事业	
□ 外貌	
□ 教育	
□ 收入	
□ 旅行	

为了以上计划的实现，将持续做的事

以上大计划向下拆解，落实到每天，你要为自己重新规划生活概貌。不积跬步无以至千里，点滴努力正是这本趁早效率手册的精神，这里填写的生活方针将落实到 365 天，当你的理性控制自己的欲望，你会有一种非常有力量的感觉。

起床时间	学习内容
________起床，在此手册写下一天计划	
睡觉时间	
________；睡前阅读________分钟	
健身	美容保养
________次/每周	
理想体重：	
家务劳动	理财计划

职涯

我将会从事的领域：

我将会拥有的职位：

学业

我将会取得的证书或资质：

我将会掌握的技能：

人生大事年表

纵观自己的前半生，是在以怎样的节奏前进。按年代回顾，填写下每一年中使你转折的事件与节点。

再写下未来 1-3 年你期待发生的转折点，这些点组成了你的整个人生。

一生会去旅行的地方

写下你想去到的整个世界。

已实现的地方	将要去的地方
✓	○
✓	○
✓	○
✓	○
✓	○
✓	○
✓	○
✓	○
✓	○
✓	○
✓	○
✓	○
✓	○
✓	○
✓	○
✓	○
✓	○
✓	○

一生将做的若干件事

写下你的终极梦想，用一生矢志不渝地去实现。记住啊，只有在死亡之前，我们才可以说我们的梦想破碎了。

新建个人时间系统

应该怎样看待这本手册？很多人可能会觉得趁早效率手册就是一个普通的本子，但是我想提出我的观点：趁早效率手册不是一个普通的本子，它是一个人生管理工具。

趁早一直强调内容。事实上，内容也是我们区别于传统文创行业的核心竞争力。趁早文创的定位，是提供某个特定场景下的解决方案，是未来的加速器。如果不能充分理解和挖掘到这一点，用起来可能会错过很多乐趣。

以厚本为例，365 天，384 页，80 克的用纸类型。

为什么这样设计？

人生应该是一个好故事。一个好的故事片，场景有 50 个左右，而 1 年有 52 周，这意味着每周大概有一个场景中的人与事可以用来构建、推进。是推进，而不是重复。每一个场景的意义，在于指向主人公的欲望。在这部为期 1 年的电影剧本里，我们用灵魂、肉体、金钱把所有的欲望做了最直接的分类，它们就像是剧本的大纲。

在 83% 的常规页面中，我们写下的每一个数字、汉字，就是我们的剧本，没有暂停，没有重播，落子无悔。

带着这种对生命的敬畏、对时间强烈的责任感和使命感，我和趁早团队将极致的效能管理思路具化到每一天的页面设计中。那么，如何使用月计划页、常规页，来把自我升级为一个行动的自我呢？接下来我将给大家讲解，看起来普通、实际上却充满玄机的内页使用方法。

月计划页

在趁早效率手册的“每月计划”里，你可以找到有关“灵魂、肉体、金钱”的内容。这些都是趁早精神的体现。如果你想要淋漓的 1 年，需从这三方面做出改变。这样，你的生活质量和人生的质感才能达到标准。

灵魂生活的 3 个重要组成部分：专注、沉迷、重要的关系。

专注

第一部分是确定我们到底要去哪里、想要成为什么样子的人。你要以什么为生，通过精深的专注学习什么满足自己的生存目标，了解后就请写下来，用笃定的态度，白纸黑字地写下你的计划。你可以以 1 年为时间期限，切割目标，将目标细化到半年、每月、每天，逐一攻克，最终达成目标。

沉迷

沉迷是灵魂的重要组成部分，是一个人真正的情怀。你可以在学习之余提升这些技能素养。培养自己哪些沉迷，你就会成为那一种人。你可以通过两个方式找到沉迷对象。一是心流。高度集中后，你的呼吸、脉搏、心脏等都进入一种特别和谐专注的状态。如果体验不到心流，对你来说就只剩痛苦的坚持和努力。二是要去体验尝试。只有你不断尝试，才知道哪些活法值得你去活，你才能发现其中的意义。

重要的关系

可以分为两类。一类人是与我有血缘关系的先天的家人；一类是因为有地缘关系而缔结的后天家人、朋友、邻里、同事；还有一类是与我没有关系的人——启迪照耀我的榜样。让榜样常伴左右，当遇到困惑后，提醒自己尝试“榜样上身法”：想象我现在不是我，而是我的那个榜样，想象榜样会怎么做、会怎么面对、会如何解决问题。

与此同时，我们要警惕身边人。警惕身边人对我们的潜移默化。从众心理带来的安全感会影响你。这个时候你要警醒自己，你就是你自己，而不是他们。

身体

身体是很重要的一个维度，需要第一是健康，第二是好看。所以在效率手册的月计划页中，我们专门设置了一整个模块，从运动、饮食、睡眠三个切入点，一月一度地提醒使用者，如何好看的方法，如何健康的工具，如何真正的好看。具体操作可以参考本书“饮食瘦身 100 天”与“时光流逝，而我已才貌双全”。

金钱

写在“欲望清单”上的渴望非常合理，这是你人生的一部分，是你的经历，是时间和脑力的呈现。即使在 10 年或 20 年以后，这些物质需求对你都不再重要了，但是现在要先拿起来，以后可以再放下。买这些东西的要求是，要追求物质的质感和精良，不可以因为别人都买而买，不可以因为打折而买，只因为你认为你应该和你选的物品在一起而买。你会发现当你可以掌控和预测生活的时候，是人生最好的时候。

常规页

以效率手册厚本为例，在周一到周五的常规页面中，从上到下，可以分为三部分：Morning（早上）、Routine（日常）和 Evening（晚上）。

首尾 Morning 和 Evening

趁早相信，每天的清晨和傍晚是绝大多数人的自由支配时间，这两段时间区间内，如果没有约束，那么它们有很大的可能会被浪费在冗余的睡眠、无尽的看剧和游戏等这一类没有长期价值的事情上。

趁早重视对早晚时间的利用，因此在常规页的设计中，我们特意规划出清晨和傍晚两个板块。不要稀里糊涂地错过这两段时间。用多出来的时间，去做重要不紧急的事项、那些拥有高收益的事情，如阅读、写作、锻炼、学习等。你的智识、你的外表、你的人际、你的收入、你的体验，都是由这些事情组成的。

Routine

一般来说，周一到周五的上午 9 点 — 下午 6 点，是人们工作生活的高峰时间，占据整个人生的 1/3。

趁早团队从各种渠道收到过上万个使用用户对产品的评价和反馈。经过我们的分类和整理，在对这一模块的 DIY 上，“趁早星人”基本分为四种类型。在探索出自己的使用习惯之前，建议大家可以先了解并掌握这四种基本类型，然后做出自己的选择。

第一种类型是线性时间型。通常线性时间型的使用者会在手册上画出自己的时间轴。趁早效率手册之所以没有固定的时间轴，是因为这只是其中一种使用方法。

这种类型的“趁早星人”，他们的使用逻辑非常简单，特点是完全按照时间顺序书写。

比如，你可以从早上 6 点起床晨练，到 8 点上班，一直记录到晚上洗漱睡觉，仔细地记录着每一笔时间的支出流水。这种记录方式非常简单，能够一目了然地找到自己的时间黑洞。我建议，如果你是一名刚刚选择使用趁早效率手册的小白，可以先尝试用这种办法来培养习惯。

第一阶段是适应期，你会遇到很大的阻力。因为你的大脑很懒惰，它命令你遵循旧有的行为模式。因此我建议，适应期就记录时间流水。

线性时间型

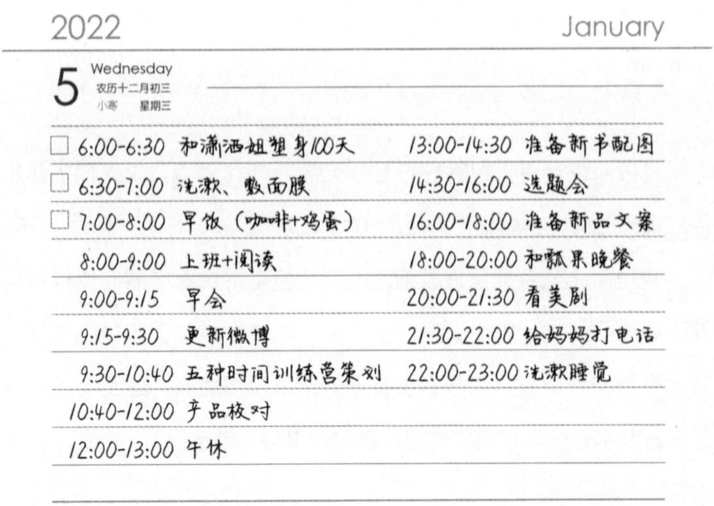
2022 January

5 Wednesday 农历十二月初三 小寒 星期三

6:00-6:30 和潇洒姐塑身100天
6:30-7:00 洗漱、敷面膜
7:00-8:00 早饭（咖啡+鸡蛋）
8:00-9:00 上班+阅读
9:00-9:15 早会
9:15-9:30 更新微博
9:30-10:40 五种时间训练营策划
10:40-12:00 产品校对
12:00-13:00 午休
13:00-14:30 准备新书配图
14:30-16:00 选题会
16:00-18:00 准备新品文案
18:00-20:00 和瓢果晚餐
20:00-21:30 看美剧
21:30-22:00 给妈妈打电话
22:00-23:00 洗漱睡觉

把每天发生的事情，事无巨细地记录下来。你很可能会产生一种生无可恋的情绪，猛然发现自己竟然有那么多时间没有贡献什么价值增量。

形成不用过脑子的习惯之后，你可以进入第二阶段，主动出击。你此时已经对自己大部分的时间分配、浪费的时间都有把握了，开始知道自己可以用什么时间做什么事情。你可以提前规划好第二天的计划，再尝试扩大范围，提前一周、一个月、一年。当你拥有能够做年度计划并有了能落地实现它的能力后，我建议你就可以应用接下来的第二种使用方法了。

第二种类型是优先级型。这种方法是趁早精神的绝对体现，使用这种类型的“趁早星人”，特点是已经有非常明确、自洽的价值观，永远知道自己想要什么、下一步要做什么。

这里有两种优先级排序方法。

第一种，是按照事情的重要程度来排，重要的事情写在前面，次等重要的事情写在后面，依此类推。

第二种，是按照时间的紧急程度来排，看截止时间，马上到截止期的排在前面，而不太紧急的排在后面。

需要注意的是，使用这种方法管理时间，可能会带来马太效应：强者愈强，弱者愈弱。优先级永远排在后面的事情，就会变成你的短板。当然，这是你选择的结果，你不会后悔，也从来不会在意。

第三种类型是四象限型。这其实是第二种的进一步演化，我们称为四象限型。四象限型在时间管理领域的历史源远流长，非常容易上手。

当我们去评价一件事情值不值得做，应该花多少时间成本、精力成本去做的时候，完全可以结合两个不同的维度来评估。常见的

优先级型一：按事情的重要程度排序

2022 January

5 Wednesday
农历十二月初三
小寒 星期三

- □ 五种时间训练营策划
- □ 准备新品文案
- □ 产品校对
- □ 准备新书配图
- □ 选题会
- □ 更新微博
- □ 和瓢果晚餐
- □ 给妈妈打电话
- □ 看美剧

优先级型二：按事情的紧急程度排序

2022 January

5 Wednesday
农历十二月初三
小寒 星期三

- □ 准备新书配图
- □ 产品校对
- □ 准备新品文案
- □ 选题会
- □ 五种时间训练营策划
- □ 更新微博
- □ 和瓢果晚餐
- □ 给妈妈打电话
- □ 看美剧

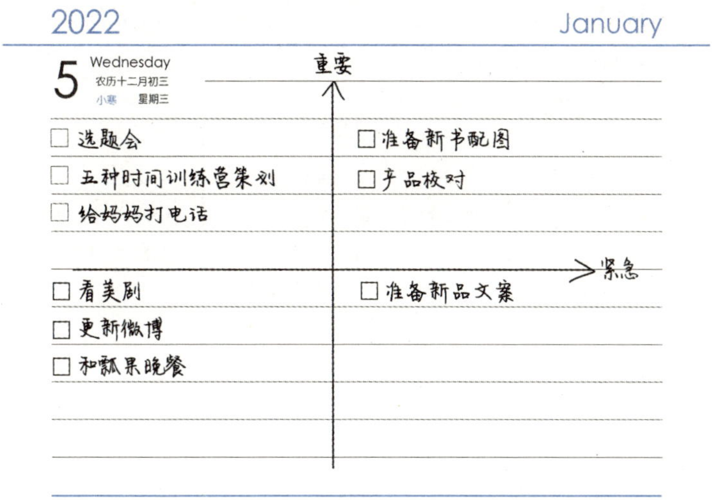

两个维度就是重要性和紧急性。

重要性，评估的是这件事情对人生的价值增量。紧急性，评估的是这件事情对人生影响的有效时长。

这两个维度相互垂直交叉，就形成了我们常见的四象限图。如果你喜欢并且擅长四象限的四分逻辑，就可以在这个空间内画上两条线，然后逐一将生活、学习和工作中的所有事情，分别放在四个象限内。

第四种类型是垂直细分型。这种类型的策略是，并不是公平对待所有的事项，而是在短期时间内，锁定 3—4 个目标。这里所说的目标，大多是一些临时性的、阶段性的、需要集中火力去攻克的事情。比较常见的是以三个月、100 天为周期。

你可以通过竖线区域分割的方法，在每个区域下再次排列优先

垂直细分型

2022 January

5 Wednesday 农历十二月初三 小寒 星期三

□ 新书	文创	日常	生活
□准备新书配图	□产品校对	□五种时间训练营策划	□看美剧
□	□准备新品文案		□给妈妈打电话
		□选题会	□和瓢果晚餐
		□更新微博	

级。我喜欢使用这个方法，可以更直观地帮助自己，同时推进各个领域的进程以达到目标，多线程工作，多线程执行。这个方法的利用率很高。

在 2015 年，有三个月是我人生中最忙、魔鬼训练般的时期，我要写新书《按自己的意愿过一生》，要融资，要装修新的办公室。三个目标又不在一个领域，我就是使用这种方法管理、推进、完成目标的。

这个方法非常利于切分、设定小目标，有了小目标，你看待每个小时的眼光将会截然不同，你将会得到一个更为可信的目标执行方案。这个方法使用范围很广，几乎适用于一切领域。对于初学者，我往往会推荐他把这个方法应用在学习一门新的语言上。经过短期而持续的执行，相信你一定能得到计划中的一切。

周末页

如果你从周一到周五，拥有饱满而丰富的 5 天，在周末就可以兑换 48 小时的自由时间。一般来说，周末的生活密度往往会低于日常的工作日，所以趁早在周末不打算用更多的线条局限大家的发挥，而是选择用尽量多的空白，邀请大家去填写生活的浩瀚和丰厚。

这是我的设计思路。从周一到周五，我们已经这么努力，所有时间都被占满了，不就是为了拥有更多的自由？不做不想做的事情，不见不想见的人，不去不想去的地方。我的建议是，去狂野想象。

如果你意识到，有好一阵子，你的周末是两片空白，那么我可以负责任地提醒你：你浪费了太多生命。家庭、旅行、美食、阅读、艺术等，这些都是可以填满周末自由时光的选项。

一个有趣的人、有灵魂的人，会在周末做很多事情。

从 2011 年那个秋天的下午至今，11 本趁早效率手册，关乎我 11 年来全部的野心和细节。我拥有一整套时光简史，曾经一小时、一小时的期待，有的兑现、有的落空，重要的早已不重要，激动和难过都已归于平静。

趁早，它首先是一个动词，在 2013 年被注册变成品牌名。然后它变成了一种生活方式，变成了一类人的统称。趁早效率手册变成了收集时间和规划生命的一种方式。A5 幅面的本子很小，却累积装载着超过 60 万人的人生。

如果说使用效率手册手写记录是一种古典的、笃定的精神，那么趁早 APP 的诞生就是一种属于 21 世纪互联网时代的进化。2017 年的 1 月，趁早团队正式发布了趁早 APP。它是完全符合“趁早星人”行为特点的一个产物。

还记得我曾经说过，聚集在趁早的所有人，大家会做三件事情，分别是讲故事、做计划、打卡。行进在成为极少数人的路上是一件非常孤独的事情，但是幸好，我通过我的书、我的故事找到了大家，大家通过社群读书会或跑团又找到了彼此，现在我们又能在线上的趁早 APP 找到大量的榜样以及前进的方向。

这是属于“趁早星人”的一次集体进化。

我们一直在用雷达洞察和捕捉大家的需求，感知大家的反馈，挖掘更多的产品功能。趁早团队始终在寻找典型用户的需求描述，挖掘更多产品功能，让趁早 APP 和文创产品能够有机结合。现在大家能够在 APP 上找到很多关于习惯养成、学习成长类的内容，这些都曾经过这样慎重的考虑与设计。

掌握最简易的招式

在市面上，关于使用手账来进行时间管理的技巧林林总总、各成一派，人们看多了反而无从下手。在这里，我只谈最重要的原则——最低成本的认知原则，并且保证，在确认以下几点之后，你马上能形成一个自洽的使用方法论。以下内容为常规页的使用建议。

什么时间写？

确定两个固定的时间段。比如，在每天清晨6：30—6：45，计划当日的待办事项。在每天22：30—22：45，复盘回顾当日计划。

提前一周做出规划。利用周末的一个晚上进行思考，预估在下周可能会开展哪些工作，提前做好工作时间、业余时间的规划，并且预留弹性时间作为补充。避免被时间催着走。

对于临时插入的任务，若需要超过两分钟以上的时间去回应和处理，即刻写在效率手册里。

在哪里写？

在习惯养成期，建立一个只有你自己的私人场所。在踏入这个空间之后，集中专注力，在脑中提前模拟排练：接下来的24个小时，我要这样度过。请保持这个空间的干净整洁。

在进入习惯固定依赖期，你会发现自己到哪里都离不开效率手册，离开则会心慌不安。你希望效率手册永远在视野范围内。你随身携带它。当别人看到它时，他也会收到信号：使用手册的这个人一定非常专注、自律、可信任。

在10年之后，当你利用手账成为时间管理高手的时候，就人剑合一，无招胜有招，你不再需要任何空间限制。

写什么？

如果是新手，我建议将所有待办事项都写在效率手册上。在熟练之后，50% 的重复性事项都可以省略不写。

写在手册上的待办事项应该是一个动宾短语。动宾短语是由一个动词与后面受动词支配的宾语组合而成。

例如：

修改海报设计稿

修改是动词，海报设计稿是宾语

写活动策划

写是动词，活动策划是宾语

准备同学的婚礼礼物

准备是动词，婚礼礼物是宾语

除了日常重复性事物外的每一个待办事项，都应该有确定的开始时间和结束时间。开始时间就是写下事项的那一刻。

如果有协作人，也要写上具体协作人的姓名。在这一步中，写下的事项越详细，执行的效率和完成度就会越高。如果这个事项可能会持续若干天或在当日没有完成，可以用记号笔标注出来，直到完成后再打钩。

可以将休息的时间写进去。保持工作时间和休闲时间之间的平衡。要战略式地休息，所以休息时间也需要有意识地提前规划出来，这包括每天工作的间歇休息和年度休假。

一次只处理一件事情。不要一边开会一边回复邮件，不要一边陪孩子一边回复闺蜜的微信消息。一旦开始这项任务，就要坚持 100% 完成。

捍卫你的时间。你可能需要与其他人协商来建立一个不被打扰的时间段，如果有必要，提前告知其他人在这段时间不要打扰你。

怎么写？

建议大家在使用过程中建立一套自己的标识系统。下图所示是我使用频率比较高的几个符号。

- 待办事项。可以将所有大事和小事写在这里。如果任务比较复杂，建议拆分目标。
- 完成。在事情完成之后，在前面的方框中打钩。
- 取消或延期。总会出现不可抗力因素，导致不能顺利完成任务。若取消，则在方框中打叉；若延期，则在方框中画一个小箭头。

而我们是喜欢欣赏美好事物的视觉动物，使用纸本记录计划生活之余，手账俨然已经变成一种亚文化。有这个领域里独特的现象。热爱手账的同学们聚集在一起，形成了只属于这个世界里的通用语言。手账也因为它的精致好看，会被大家展示在新媒体上，这些俯拍的照片传递出来的精良的生活态度，被更多的人传播，又被更多的人看到。

写文字、绘画、拼贴都是记录手段，可以任意选择。永远记住，内容比排版重要，形式为目的服务。我们需要抓住这其中的主要矛盾。

人类进化出了用于高级思考的器官，拥有让计划发生的能力。从原始人进化成现代人，从刻印在黏土泥板上的苏美尔文字到书写在效率手册上的一行一列，我们始终与永不停歇的时间做交易，交换想要的一生。

效率手册其实一点儿也不神奇，它只是一个用 384 页、80 克纸张装订在一起的普通工具。只有加上使用者，也就是现在读到这部分的你，它才会启动，才会熠熠发光，才会发挥它的神奇作用。它成为你从出生到死亡之间的命运簿，你是你自己的司命官。

它是你生命的一部分。

*互动引导和填写

当你开始填写以下内容，意味着已经进入使用效率手册进行时间管理的微观层面。我假设你心中已经有一个呼之欲出的目标，它每天悬挂在你的头顶之上。那么在每一天的 24 小时中，我们要做些什么，才能实现愿望？

请试着先开始掌握对你来说最简易的招式。

什么时间写？

所需时间不长，每天留出足够你思考并写下每日三个待办事项的时间。

在哪里写？

确定一个固定的空间位置，也是一个很好的唤醒提示。

写什么？

完整写出时间、地点、事项、协作人等信息。

怎么写？

请在接下来提供的效率手册页面中，找到属于你自己的书写习惯吧。

2022 1月

7 Friday 农历十二月初五 星期五

比起选择哪一种活法，更重要的是先搞清自己是什么人。

MORNING

☐
☐
☐

EVENING

☐
☐
☐

·该页面为2022年效率手册厚本真实页面，兹以示意。

像我一样的偏执狂

早在 10 年前，我曾经将电脑里的 word 文档“一生的计划”展示给朋友，没想到引起了朋友的不适。她睁大眼睛看着我计划中那些野心勃勃的条目，然后用惊恐的目光望向我，好像第一次认识我一样。“你太可怕了！”她对我说，“你怎么是这种人？！”

再后来，当我设计、使用效率手册、极少数手册以及尝试将一切生活和工作用清单管控起来时，也有更多人质疑这样的生活方式会让人无法喘息，质疑我可能是一个偏执狂或者控制狂。“顺其自然，随遇而安，知足常乐不好吗？这么累，你会快乐吗？”他们这样问我。

我的初衷当然是快乐，一直都是。如果说不忘初心的话，我最大的初心是自由带来的快乐：不被约束、具备选择的主动权。成年以后，我们的这种快乐大部分反映在一些前提条件上：一是有足够的自由支配时间；二是有足够的自由支配资产；三是当面临选择时，有足够的知识结构去支撑选择并拥有最大的主动权。

但随着年龄的增长，时间是第一个让我们觉得越来越稀缺的东西，我们得设计方法，让自己不至于陷入事物，而是抽身于事物；我们还得去努力掌控，因为掌握得越多，不确定因素就越少。你会发现，人世间的多数事物，早已存在最科学高效的推进定式。就像你在儿童时期早已熟谙穿衣吃饭的要领一样，你也正在一个又一个地熟悉更多事物的要领。你的成长在加快，新事物和新问题扑面而来的速度，依然会快于你熟悉它的节奏，甚至所有新事物都是以并行状态冲过来的。

突然有一天，你会发现你需要在筹备婚礼的时候保持健身，在旅行的时候写作和美容，在怀孕的时候计划考试，在减肥的时候育儿，在公司派给你最艰巨任务的同时加速学习，甚至以上项目竟然都需要紧密咬合或同时进行。当生活节奏越来越快时，再也没人会笑眯眯地对你说："慢慢来。"你发现你必须得快，还得好，还得从容，你希望一切事都顺利完成、你都能胜任，你简直必须要成为一个万能的人。

是的，你就是要成为万能的你——三头六臂，兵来将挡，遇水搭桥。你想同时打 10 个怪兽，就要同时备齐 10 种武器，哪个怪兽冲上来就用哪个相配的武器迅速瞄准。因为你知道解决具体问题的具体方法，就是拥有武器。

如果在每一件事情的流程、必要节点、运筹推进上，你都研究了一套自己的方法以保证完成度和质量，从而被称作"偏执狂"的话，那我建议你不妨做一个偏执狂。你要下决心做一个自成体系的人，为每一个你需要应对的事物设计自己的体系，先执行，再观测结果，再更新体系，循环往复。你要为了自己的生活稳健和心理健康偏执地建立这个体系，不建立好不罢休。有了这个体系，你将获得在动态中进化的能力。这个体系就是你认知问题的顺序、你应对问题的章法、你做事做人的"护城河"、你后半生做人的底气。

我所认识的厉害的人都有一个共同点，就是很早就自建体系，这个体系首先存在于他们的大脑中，之后体现在他们的人生计划、待办清单和日常笔记里。这不是一个巧合，厉害的都是相似的，而混乱的各有各的不同。

我的体系建立于每个具体经历之上，每试错一回，交完学费，就会赶紧记下最新的认知和做事方法，形成自己专属的流程和表格。趁早的主题手册和迄今出现的所有清单，正是因此而生。

我将我面临过的每一个生活和工作场景、每一个问题都归纳成适用的方法论。所有的方法论其实都遵循同一个逻辑——“认识自我，搜集世界，整理分析，设立目标，专注执行，复盘反思，循环提升”。这 7 步其实是做对一切事的逻辑，我和团队一起将这些绘制成各种各样的形式，印在了纸上，装裱进本子里。其实，在我们眼中，我们绘制的是人生真谛，是世间规律。纸和本都只是介质而已。

这些表格和清单是极为神奇的，一旦交到不同的使用者手中，就会变成惊喜发生器。我们也无法预料，一个系统在启用之后会运行出什么样的结果。惊喜会出现在每个使用者自己的人生里，惊喜是在你把一切都做足以后、等待降临的好东西，有时候我们叫它运气。

当你还年轻，在使用这些表格和清单时，你会有充实和掌控的快感；当你年龄越来越大甚至变老时，你会发现你真正想掌控的，从来都不是惊喜。你做足一切而永远不想见到的，是无常。

接下来，我想重现一些重要手册和清单的形成场景，它们都源于我自己的经历。如果你也想构建自己的体系，一定要珍视和观察自己的经历与场景。这些场景会向你提出问题，你要解答，你要观察自己的行为，并根据结果修正它。你要的答案都已蕴含在其中。

*互动引导和填写

有什么样的目标，对应什么样的生活，对应使用什么样的工具。接下来将展示的页面，来自趁早极少数手册。这是一本会让大多数不解并恐惧的手册。大多数人不敢把每一天如此极致地书写和计划。如同不敢面对自己的懈怠和时间的空白。

如果你选择使用这一本手册，你将会走上一条少有人走的路，做少数人做的事，说少数人说的话。

年度目标

年度目标的设定，首先要与自己的终极理想保持一致，继而为它进行归档分类，认清自己的优势及挑战，无限放大长板，努力弥补短板，最后把目标拆分到 12 个月，依次攻克，一切看似遥远的彼岸最终都能分步抵达。

年度目标:			
1月目标:	2月目标:	3月目标:	4月目标:
5月目标:	6月目标:	7月目标:	8月目标:
9月目标:	10月目标:	11月目标:	12月目标:

每日计划

将每一天拆分成三个部分：左边为晨间日记，规划一天的重点；中间为当天每小时细节极致的日程安排；右边为当日总结，从肉体、灵魂到金钱，每日反省，每日复盘。

DATE	
M T W T F S S	

Record flashing moments of inspiration.记录闪现的灵感

“

”

TODAY'S TOP 3 GOALS 每日目标

- [ ]
- [ ]
- [ ]

TO CONTACT 沟通任务

TODAY'S SCHEDULE今日行程

6

7

8

9

10

11

12

13

14

15

16

17

18

19

20

21

22

WATER CHART 饮水量

B 早餐 BREAKFAST	
L 午餐 LUNCH	
D 晚餐 DINNER	
S 零食 SNACKS	

BODY 锻炼计划

TOTAL MINUTES 总时长

SOUL 学习计划

MONEY 理财计划

SUMMARY 总结

04 愿望清单

收集世界

遗愿清单

在写本书的这一年中，我陷入一个巨大的逆境之中。这一章，我要写给每个读者，也写给我自己。逆境让人更加渴望寻找答案，而答案永远在尝试之中产生。

人应该活成一场电影、一局游戏、一栋建筑。至少要像一栋建筑，立于大地，有属于自己的架构、格局和空间，在环境变换中折射光与影，在时间长河中颓塌毁灭。

这是一本工具书，关于电影剧本怎么撰写、游戏怎么打通关、建筑怎么设计建造，我们试图在无数样本中寻找适合自己的模板，最终在丰富它们的过程中完成。

这些样本应该来自全世界。我们中的大多数人只能在一颗星球上终老，而我们穷其一生都无法看遍这个星球上值得体验的事物。

为了定义短暂生命里这个星球上最值得体验的东西，我开列了自己的遗愿清单。

在顺境的时候，我曾经误解了“世界”的意思。我认为世界就是别处，是星辰、森林、极光、雪山、草原、峡谷、海岸；我认为世界就是他人，那些波澜壮阔的人生超越所有狂野的想象；我认为世界就是打动我、令我痴迷神往的东西，就是除去司空见惯事物之外的一切。我认为世界的作用就是让我们收集，先使用枚举法、再使用归纳法，看看其他人都选择了什么样的活法、选择了什么样的工作、选择了什么样的伴侣。我认为世界就是一大堆参照系。

但现在的我，正处于自己人生的逆境，逆境使我改变了观看世界参照系的顺序。如果你正在看本书，急于填表或是梳理人生，我希望你和我一起，先进入逆境人生使用的参照系。它更恢宏、更达观、更能帮助你穿过漫长岁月，体会它将有助于你开列自己的遗愿清单。

宇宙参照系

你身处逆境的时候会做什么呢？我通常会更努力地反思，更认真地执行，但能这样做的时候，说明面临的都还是小型困难，逆境程度不够。真正遭遇大逆境时，我会观看宇宙。

我会认真地看一张著名的照片。

1990 年 2 月 14 日，“旅行者 1 号”完成首要任务之际，美国国家航空航天局指示太空船向后看以拍摄它所探访过的行星，其中一张照片刚好把地球拍摄在内。照片中似乎看不见地球，因为从这个距离观察地球，地球只是一个渺小的暗点，只占整张照片的 0.12 像素。

天文学家萨根博士对这张照片曾经有一段解读：

我们成功地（从外太空）拍到这张照片，细心再看，你会看见一个小点。就是这里，这就是我们的家，就是我们。在这个点上有所有你爱的人、你认识的人、你听过的人、曾经存在过的人，这些人都在上面度过他们的一生。这里集合了一切的欢喜与苦难、上千种被信仰的宗教、意识形态以及经济学说，所有猎人和抢劫者、英雄和懦夫、各种文化的创造者与毁灭者、皇帝与侍臣、相恋中的年轻爱侣、有前途的儿童、父母、发明家和探险家、教授道德的老师、贪污的政客、大明星、至高无上的领袖、人类历史上的圣人与罪人，通通都住在这里——一粒悬浮在阳光下的微尘。

嗯，逆境中的我，会长久地凝视这粒阳光下的微尘。

如果凝视不足以消减逆境的痛苦，我还会认真地观看关于宇宙的纪录片，去理解那些令人目瞪口呆的浩瀚尺度、大千世界、周而复始的生生灭灭、人类之渺小、宇宙之洪荒。

王小波说，“生活就是个缓慢受锤的过程”，少年们总是幻想有一天仗剑走天涯，看一看世界的繁华，可总有一天，他起床发现手里没有剑，哪里也去不了；生活就像一个泥坑，想拔出脚，却动弹不得。

你我也许此刻都在泥坑之中，但我们之中会有人抬头看着星辰。

看完之后，你会知道——你应该全力以赴，同时又不抱任何希望。这是全宇宙最重要的一件事，同时这件事根本无关紧要。

嗯，现在身陷逆境的我建议你，在走出之前，把宇宙电影清单写在遗愿清单的第一类里。

1.《旅行到宇宙边缘》(*Journey to the Edge of the Universe*, 2008)

2.《宇宙之旅》(*Cosmic Voyage*, 1996)

3.《宇宙的构造》(*The Fabric of the Cosmos: What is Space*, 2011)

4.《与霍金一起了解宇宙》(*Into the Universe with Stephen Hawking*, 2010)

5.《了解宇宙是如何运行的》(*How the Universe Works*, 2010)

这些纪录片，可以留在坎坷的日常中长期观看，直到你获得了一个新的角度——宇宙观察者的角度。这样，在下一个艰难思索的深夜，当你走出办公室，抬起头仰望夜空，你会知道在宇宙深处，光行走了多久。你看到的是 100 年前的北斗七星、250 万年前的仙女座大星系，那里没有正确和错误，没有希望和懊悔，也没有恐惧和寂寞。

而你，一粒微尘上的小人儿，为了短暂亮起又熄灭的一生，开始撰写遗愿清单，决定奔跑起来拥抱希望、懊悔、恐惧、寂寞。来吧，你可以经历上千种波澜壮阔的人生，反正都是微尘。

最激荡的传记

遗愿清单的第二类，列下今生最激荡你的传记。

传记不同于工具书，并不能直接拿来使用，但是我自己总在传记中获得最深远的激励。

你会发现，所有传记的主人公都如此经典而独特，闪耀着人格魅力，与此同时，又无一例外地遵循了“英雄之旅”的规律。[1] 每一个传记主人公基本上都会经历混沌和迷惘、被动出发，遭受困境和背叛、选择和信任、自我怀疑、短暂放弃、获得启迪和指引。每个人都在各自的人生旅途中前行，我以为我正在经历的这些是多么跌宕和独特，但在世界的某处，历史的某刻，这早已由别人经历过千千万万次。太阳底下无新事。而这一切，是从希腊神话时期就开始提炼的永恒模式。你会发现，只有好看的故事和电影，才具备永恒的模式。

你需要从传记中看主人公所在的更陈旧的大时代背景、更差的医疗条件、更闭锁的信息来源，看他（她）的天赋和努力，看他（她）如何认知这个世界，如何点燃自己的希望，希望又如何破灭，他（她）遇到了谁，经历了几个决定性瞬间，最终如何改变了命运。看传记最低程度的功效，就是你可以看到主人公会艰难和困苦到什么程度，看到主人公在 10 倍逆境下也能扛过去，是当下对自己最好的安慰。

在 2017 年，我读了 10 本女性传记，并整理提炼成音视频节目，

---

1 ［美］约瑟夫·坎贝尔，《千面英雄》

无论是《星球大战》，《哈利·波特》，还是小时候玩的《超级马里奥》，这些小说、电影、游戏中的故事脉络惊人一致，都是遵循“启程→启蒙→考验→归来”的顺序。这本书让我有能力俯瞰我的整个人生道路。推荐你也试试看。

［美］克里斯托弗·沃格勒，《作家之旅》

电影所描述的故事就是人生经历的隐喻。这本书的作者就是《狮子王》的编剧。你可以再看一遍迪士尼出品的动画电影《狮子王》，捕捉狮子王辛巴经历的迷惘、被动出发、遭受困境、选择、背叛、信任、自我怀疑、放弃、获得启迪和指引等心路历程。

起名为《十个一生》。[1] 回顾 2017 年，我庆幸自己做了这件事，因为这一年中，10 本自传都给了我不同程度上的激励。其中，《我在伊朗长大》和《我的一个世纪》这两本，令我获得强烈的穿越和代入感，我因主人公的一句独白、一个决定而激动唏嘘。

传记就是你在今生收集到的他人的活法，你会发现原来这世界真有波澜壮阔的人生。无论顺境还是逆境，它们总会到来，也总会过去。在逆境里看别人的逆境，你会非常确定，怀疑和恐惧是英雄之旅的一部分，你需要和主人公一样，接受试炼，与命运选派的一切困难交锋。俯瞰别人的故事，使你有能力跳出当下，去俯瞰自己故事中的人与事，也有能力去解释你遇到的每一张面孔的意义，无论他们是导师、敌人，还是伴侣。

你要早一点打开传记，早一点见到里面像灯塔一样的那个主人公，因为他（她）会引领你，激荡你。

你可以造梦

遗愿清单的第三类，列下今生最值得你观看的电影。

毕竟读传记的人少，看电影的人多，电影更鲜活，它能帮你完成

1 《十个一生》
我喜欢读传记。在读别人故事的过程中，我始终对照的是自己。这个系列是我对激励过我的 10 名女性自传的解读。玛赞、莎乐美、弗里达、草间弥生、杨绛、董竹君、可可·香奈儿、姬蒂·凯莉、撒切尔，这 10 位女性，是影响我人生的灯塔。

造梦。电影让我们在黑暗中变为化身，让我们哭，让我们笑，让我们等待，就像在体验真正的人生。人们看电影的出发点最初是审美和消遣，却总会难以预料地被电影中的场景一下击穿了大脑，更新了观念，无论是否承认，看电影已成为一种净化世界观的重要方式。

看电影是看别人造梦，电影会让我们相信自己也可以造梦。

我从来都深信，我们自己就是可以造梦。

趁早品牌的《*BUCKET LIST* 遗愿清单》是我和我的同事杜明一起构思的。我会一直记得，3 年前的夜里，我收到杜明发来的第一版《*BUCKET LIST* 遗愿清单》设计图。入冬的北京很冷，我从外面进到家，浑身都是寒气，进门蜷缩在沙发上打开手机。我看着那一张张设计图，细读那些事项、目的地、情境和句子，脑海中划过我一生的图景。那个午夜，我在沙发上，热泪盈眶，在脑中造完了我人生中最淋漓的梦。

以下是趁早品牌的《*BUCKET LIST* 遗愿清单》的设计者杜明描述电影的文字和推荐的 10 部电影，我很喜欢：

> 光影出现以前，人们可能永远都不会想到，坐在一间黑黑的屋子里，两个小时像梦境一般无限延长，像过了一天，像过了 1 年，有时候，像过了一生。
>
> 每部电影的动人一瞬都可能是你憧憬过的人生的一个片段，与其说你被那个情节感动到了，倒不如说你向往那样纯粹的友情、那样奋不顾身的爱情、那样勇敢的自己。
>
> 现实的人生一秒一秒度过，等待会让你觉得一辈子太长。电影里，只是镜头一闪，出现一行小字“20 年后”，然后青丝染

雪、韶华不复，其间百转千回、呐喊与呻吟，全只不过一瞬。

它让那些你从未经历也终究不太可能经历的一切，成为你生命的一部分。当散场灯光打开时，恍然回神，像是刚刚度完一生。

推荐电影清单

1.《活着》

2.《时空恋旅人》(*About Time*)

3.《教父》(*The Godfather*)

4.《遗愿清单》(*The Bucket List*)

5.《年轻气盛》(*Youth*)

6.《本杰明·巴顿奇事》(*The Curious Case of Benjamin Button*)

7.《肖申克的救赎》(*The Shawshank Redemption*)

8.《海街日记》(*Kamakura Diary*)

9.《大鱼》(*Big Fish*)

10.《一一》

光辉时刻

遗愿清单的第四类建议，以事件达成为指标，列下你今生要企及的专业成就和赚钱方式。

这个建议曾经不被理解，如此狂野浪漫的清单，为什么要掺入功利世界？

遗愿清单的列表灵感不应来自别处，只应该来自“闪回”——每个人临终弥留时眼前的一生重要时刻的提要回放。我们一生究竟为什么而活，认为什么最宝贵，在那个提要回放中都会得到呈现，你的幸福、至美、自由、光辉、荣耀的顶点最后都会重新浮现在眼前、轮番播映。

而我们现在的努力、在逆境中等待，都是为了这些时刻的出现。到那时，无论是拥抱爱人、迎接婴儿，还是考取学校、功成名就、巨款到账，这些令人光芒万丈的时刻都不相上下。

把专业和赚钱这类光辉里程碑也写入遗愿清单的重要原因，在于它会让你此刻就感知、深耕自己的专业，或马上开始研究这世界上的赚钱史、学习经营的方法和策略、提高演讲和管理水平、熟知经济学。遗愿清单里写有成就感，你人生最宝贵的事里才会有成就感，你才会为自己生而为人的价值持续付出努力。

你应该更早去学习和了解与你未来相关的主要行业，研究这些行业如何存在、如何运转。对于必须面对的现实生活，这本来就是你收集世界样本的重要内容。你的所知所学和性格特征，必然将你推向某个行业的链条上，你需要知道那些令你艳羡的领军人物到底做了什么，你更需要知道未来你可以身在何处、可以贡献什么价值。为了这样的光辉时刻，你才会远离手机去看书、去钻研专业、去认真探索，这样才能在你的领域里，从平庸常人的认知里跳脱一点点、和人类最高智慧接近一点点，在“闪回”来临时，多几个令人起立鼓掌的光辉时刻。

真正的旅行

遗愿清单的第五类，也是需要填写得最多的清单，就是旅行目的地。

世界是怎样运转的、是什么样子的，了解它的最好方式当然就是去亲自看一看。但在遗愿清单里，一定不是去过就算打钩。

旅行不应该是换个地方看手机，不应该仅仅是飞了很远、换个城市走路，也不应该是为了拍照以彰显我有钱、有时间来这里，再发到社交媒体上，因为这些必定不会写入你的“闪回”里。

旅行是要帮我们破除狭小自我意识里的积习，帮我们意识到哪些思维和行为被日常琐事标本化，我们被哪些旧有环境，比如职位、存款、关系等定义了人格，并对它们产生牵挂和依赖。旅行是要令你突然明白，哪些是真正重要的东西。

2010 年，我和一个团队去埃及旅行，导游是个会说中文的埃及姑娘，在旅程的最后一天，她对我说：“我不懂你们，你们没有宗教信仰，怎么知道每天早晨醒来为什么而活？没有宗教的指引，没有最终的方向，是什么支撑你们每天做事情？”

旅行中会出现一些特定时刻，那些动摇你曾经以为将天长地久的外在环境的时刻，让你意识到它引发的各种牵绊有多么的不重要、多么的转瞬即逝。你旅行得越久，就越不会受这些东西的控制，越能够意识到这些东西并不是你真正追求的。而你的内核才具有真正价值，才是持久的所在。真正的旅行会重塑你的认知，让你更加真实纯粹，一次次旅行的叠加将使这种意识更加深刻，这种意识将使你蜕变、伴随你的余生。

改变轨迹的瞬间

遗愿清单的第六类，是平凡生活的珍贵时刻，是那些改变轨迹的决定性瞬间。

也许是我在公交车上向车窗外望去，突然决定做一个创业者。

也许是我在研究生宿舍里接到的第一单电话。

也许是一个平静的下午，我在家中开始写30岁领悟到的教训。

也许是我在办公室拿起一张白纸，开始画心目中效率手册的版式。

也许是我参加了一个聚会，看到一个男生向我走过来。

那些时刻都发生在我司空见惯的地方、平凡的一天里，但都改写了我的生活，那些时刻不可预期，不会忘，不再来。

也许一开始我就说错了，我们都不会拥有上千个波澜壮阔的人生。因为波澜壮阔是靠别人来定义的，那些在我们看来拥有波澜壮阔人生的人，也会认为他们是在过他们的日常生活。

我们生活的所在和日常，就是远方的人所见的远方。看看远道而来的旅行者拿着相机惊讶的目光，就知道在他们眼中，我们身上早已充满异域神秘故事，于他们而言十分不同寻常。

其实，我们根本就不用刻意寻找一个充满离奇故事的环境，我们走在英雄的旅途上，我们的生活中就有无穷无尽的故事和诗意。我们是电影，我们是传记，我们早已是主人公。

在遗愿清单中，我们渴望拥有一生重要时刻的标本，我们希望这些标本来自全世界。但我们中的大多数人只能在一颗星球上终老，我们穷其一生，都无法一一看遍这个星球上值得体验的事物。那又怎样呢？

世界的本质就是你的大脑。所有的感知，所有的想法，所有的感情，所有的欲望，你的所有思想与感受都只在一个容器中发酵。你写下清单，然后你行动、你获得，愿你我终将拥有遗愿清单里的世界。

*互动引导和填写

遗愿清单负责蓝图，是使用者的诗和远方，是夜深人静一个人的时候想到就心动的事情。一人一辈子用一本遗愿清单，应该是一个有所实现有所记忆的一生了。

列出属于你自己的宇宙参照系清单

去理解那些令人目瞪口呆的浩瀚尺度、大千世界、周而复始的生生灭灭、人类之渺小、宇宙之洪荒。

01.

02.

03.

04.

05.

06.

07.

08.

09.

10.

列下今生最激荡你的十部传记

俯瞰别人的故事，使你有能力跳出当下，去俯瞰自己故事中的人与事。

01.

02.

03.

04.

05.

06.

07.

08.

09.

10.

列下今生最值得你观看的电影

电影让我们在黑暗中变为化身，让我们哭，让我们笑，让我们等待，就像在体验真正的人生。

01.

02.

03.

04.

05.

06.

07.

08.

09.

10.

以事件达成为指标，列下你今生要企及的专业成就和赚钱方式

你的所知所学和性格特征，必然将你推向某个行业的链条上，你需要知道那些令你艳羡的领军人物到底做了什么，你更需要知道未来你可以身在何处、可以贡献什么价值。

01
02
03
04
05
06
07
08
09
10

列下你今生希望抵达的旅行目的地

世界是什么样子的，去亲自看一看。

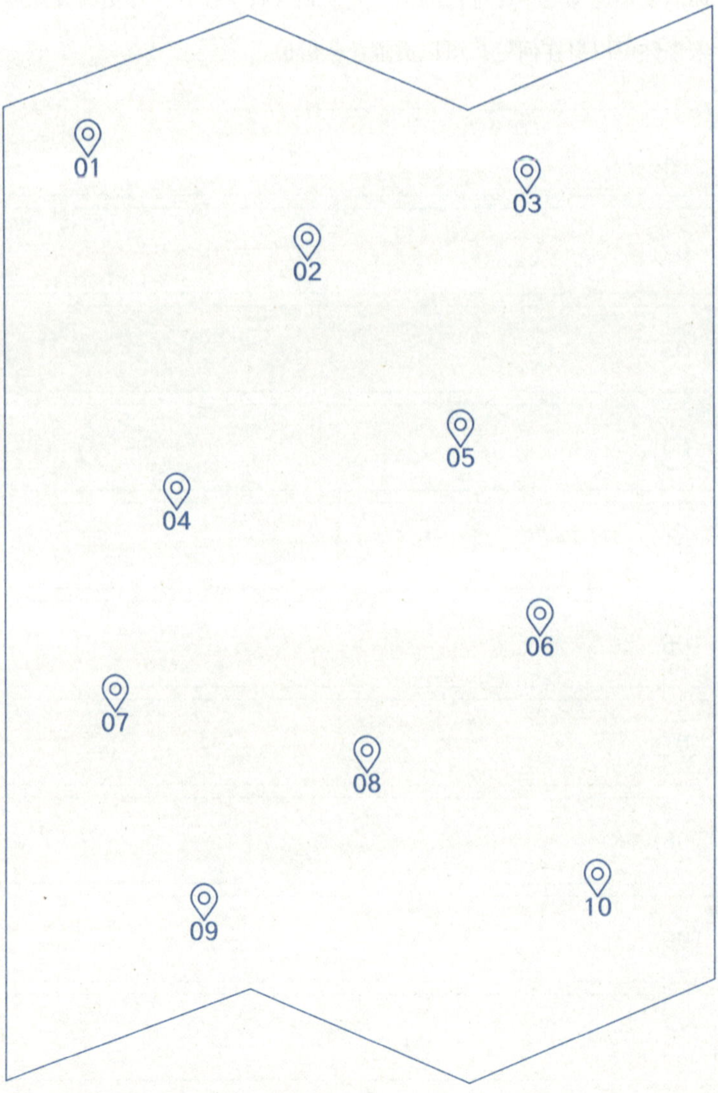

是平凡生活的珍贵时刻，是那些改变轨迹的决定性瞬间

我们的生活中就有无穷无尽的故事和诗意，我们早已是主人公。

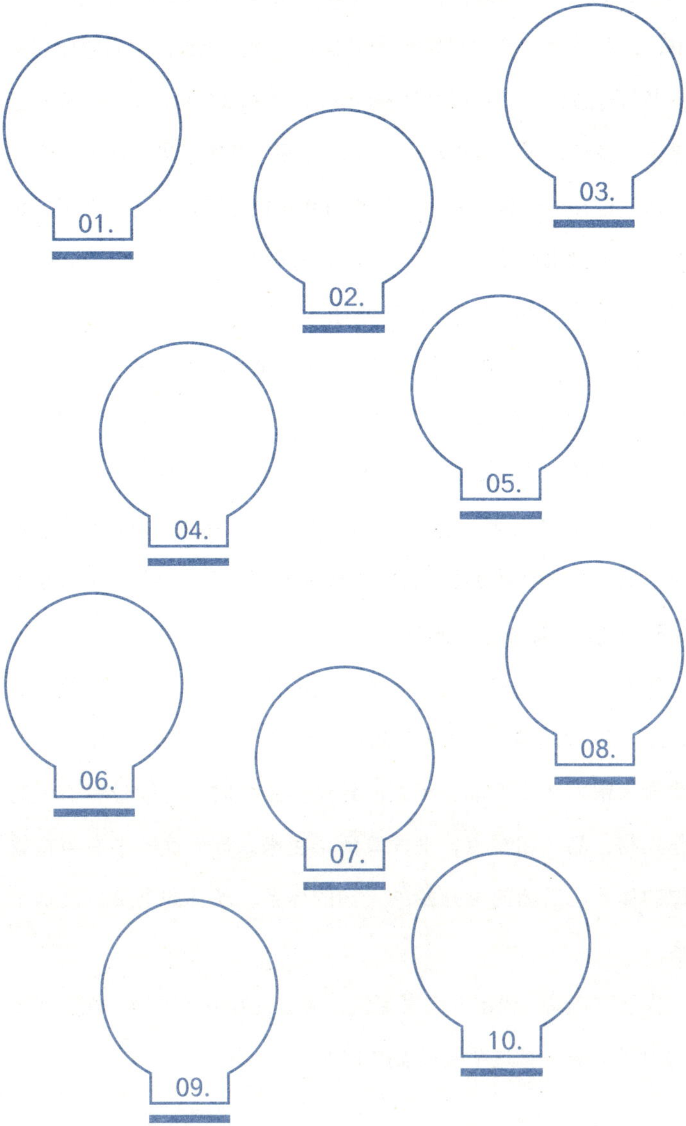

奇遇图书馆

在 2018 年，我为读书开了一个新的盘口，计划在 1 年中要读 52 本书，读完后将一些主观理解录成音频，制作成集，起名叫作《奇遇图书馆》。52 本书大部分已经被选好，选书原则是：书中经典，滋润过世人灵魂，对现实生活可以暂时无用。其实如果它能够滋润灵魂的话，也并不是真的无用。有些书我是读过的，因为我变了，再读的时候感到书也变了。可见，好书也并不存在“读完”的时刻，每读一次都还可以有“读懂”的时刻。

之前，我总觉得相对于文字，音频是虚幻、不隽永的，因为它稍纵即逝。琢磨很久的一个表达、在生命中曾经那么有力的一句话，用几秒钟就轻巧地说出口，好像对不住那份珍贵。对于《奇遇图书馆》，这些声音会是读书之后的一个结果，从文字到音频，我换一种介质记录，只希望声音能带有呼吸和温度，多年后再听，又会是不一样的感受，又是另外一种隽永。

各人的读书习惯不一样。在我小时候，老师说：“书越读越厚，之后越读越薄。”我现在知道，要想将好书读薄，那真是要花费很大精力才能完成。当人回到现实生活时，还能带着书里的那些人物、品质和观点，书才算薄了起来。你先读的书参与构建了你的体系，后读的书开始纳入你的体系，新读的书又打破这个体系。

我已经养成了稳定的读书习惯，无法说好或者不好。既然我要读 52 本书，就先把这个模式描述下来。

上来就读

书拿来就要读，不听、不看点评和剧透，甚至不要经他人推荐。这本书最好是在书店中随机抽出的，在别人案头偶然拿来翻阅的。不预期、不设防，只带着原本的那个自己，就像初来乍到的少年闯入一个世界，旁边不要有人指点引导，只让作者拉着你的手看他的世界，你看到什么就是什么。不喜欢的就不喜欢了，不需要因为是名著就必须喜欢；看不懂的就是看不懂，就保持好奇心，就留着未知感。

等待被击中

有些书，会像那些不期而遇的人一样，你将被它的光芒和特质当头击中。被击中的时刻就是幸福的，岁数越大，感受会越强烈：太棒了，我能被击中，还有东西能击中我。可以说，只要你愿意打开一本新书，愿意出门见陌生人，心底就是有希望的，就拥有着对这世界的渴望："请击中我吧！"

永远为在追求审美的过程中产生的激动心情而读书。

让我抛弃你

这几年我越发意识到书不用读完。小时候我有个误解，认为人得有始有终，铅字既然能被印在纸上，就一定是有原因的，里面肯定藏着好东西。我好几次坚持读完，发现这是不对的，有些书竟然从头到尾都没有好东西，至少是没有我想要的好东西。这几年我更是觉得，什么东西都能被印在纸上。谈恋爱不用等到绝望再分手，看电影可以提前退场，书不爱读就合上：对不起，我先告辞了。

让我爱上你

我一旦被一本书击中，这本书就会被我越看越厚，以至于看不完了。感谢互联网，可以让我联想搜索，从作者生平到时代背景，再到相关人物的八卦和爱恨情仇，我看得欲罢不能。看书要研究作者吗，下蛋要认识母鸡吗？我认为要，思想从人脑中流淌出来，人最可爱、最可贵，也最可恨、最可怜。这是我最爱看传记的原因，直接看人，看他如电影一样的生活，看他如何徐徐展开一生的画卷。

句子迷

传记中的人生都有决定性的瞬间，这些瞬间是被一个或几个句子描述的，我着迷于这些句子。在小说类作品里，这些句子和词汇被有节奏地排列组合，同样是司空见惯的汉字，却可以诉说完全不同的情绪。我会抄写、收集和反复阅读，甚至背诵这些句子。成年后，我收集更多带有观点的句子，这些句子多过小时候喜爱的文学性的句子，但无论我在哪个阶段，在整个收集和反复阅读的过程中我都有愉悦的感觉。

指认

我这种阅读方式也许是一把双刃剑，由于我可能在阅读过程中代入主人公的角色，所以我渴望长大、渴望成为有故事的人。长大之后却发现生活是另外一回事——不观察生活本身就无法书写，太抽离会失去乐趣，太投入又会痛苦。在生活中，有多少狂喜就有多少悲伤，有多少抵达就有多少落寞，想要的这些体验总是相伴而生。当我终于在某一个情景里确信我读到过此刻况味，指认了当下，当年的阅读才被宣告完成。这么多年，这种懂得，在于别人的故事和自己的故事交汇的那一刻，在于我和作者在遥远的时空相视而笑的那一下，就那一小下。

重读

重读可以成为自己的一个仪式。尤其当指认发生时，我可以重新回到书柜前，凝视着珍藏的那些书的名字，抽出那一本，翻到那一页。很多时候，我会直接翻阅我摘抄和收藏的句子，回忆那些句子后面的故事，看它们如何道出、如何点醒，如何一句一句抚慰我的心。

以上这些，如果到了第 7 步，那就是我生命中的好书，这样的好书是极多的。所以你不可停止阅读，因为你无法预先判断在何时、何地、哪本书会参与构建你，整个历程都是一场奇遇。

如果这个时代的记录终将脱离纸与笔，我依然坚定地相信，与阅读纸本相关的人生体验会直到最后才与我们告别，因为这是无法取代的，是无法准确描述的东西，是纸的厚度、香气和折痕，是手指的触觉，是笔尖划过的声音，随时间褪色。阅读不只是读文字，不只是学习，不只是阅读本身，是你在当下的那个情境里与人交汇。你记住的那本书就像你记住的某个人，她有气味和触感，你永远渴望再次拥抱她的身体，也永远记得第一次拥抱她的那个夜晚。

*互动引导和填写

词汇构成了思想。为了这一生不愚钝，你必须是一名思想者，为了成为一名思想者，你必须阅读。阅读更新我们的大脑，为此，我们需要作出有意识的努力，比如说，1 年读完 50 本书，写满一整本读书手册。别人不会知道，但你自己非常清楚的是，阅读完 50 本书的你，已经和没有阅读之前的你，完全不一样了。

以下的填写内容，你也可以通过使用趁早的读书手册来完成。

开列一份年度读书清单

请先整理出想读的 50 本书目清单。不必拘泥，只要是你感兴趣的都可以读一读。

01.

02.

03.

04.

05.

06.

07.

08.

09.

10.

11.

12.

13.

14.

15.

16.

17.

18.

19.

20.

21.

22.

23.

24.

25.

26.

27.

28.

29.

30.

31.

32.

33.

34.

35.

36.

37.

38.

39.

40.

41.

42.

43.

44.

45.

46.

47.

48.

49.

50.

□ 记录灵感笔记

随时、随地、随手记下随便什么东西：聊天中闪现的灵感、电影中打动你的台词、不经意脱口而出的绝妙句子。

□ 记录每一本书的基础信息

在这里记录书名、作者、出版机构、译者、类别。

□ 记录札记

在札记区域可以制作思维导图，网格版式有助于帮你合理布局。用自己的语言表达，这才是对一本书有了自己真正的理解，也是帮助自己梳理逻辑的过程。

□ 记录书摘

可用于大量记录书中打动你的经典段落、语句。这部分内容，会成为你的语料素材库，越来越多的语料，都会帮助我们识别、构建新领域、新认知。

十本女性传记清单

如果可以选，你最喜欢活成谁的人生呢?谁的痛苦你能承受，谁的荣光你愿享有?

01.《我在伊朗长大》○

02.《男人的天使，自己的上帝》○

03.《弗里达》○

04.《无限的网》○

05.《我坚信》○

06.《向前一步》○

07.《我的一个世纪》○

08.《可可香奈儿的传奇一生》○

09.《通往权力之路》○

10.《我们仨》○

双引擎生活法

时光流逝，而我已才貌双全

在 30 岁那年，我写下过一句话：“腰围是少女和大妈的分水岭，要拼死保持。”那时候的我早出晚归，尚未生育，并不真的知道“拼死保持”意味着什么。在接电话和开会的时候，我常常会无意识地手绘卡通小女郎，我画的小女郎都有一个突然收紧的小腰肢，身体因为小腰肢充满了节奏感，我可以将她们画成任何轻盈的形态，让她们扭来扭去。我认为那就是我。人在年轻的时候还会有种幻觉，以为会这样一直年轻下去。

34 岁时，我生了女儿，生完第一天就照镜子观察自己的身体，我发现这不是我熟悉的身体了，它竟然真的变形，且变形集中在腰腹部。这种变形和变胖又不同，是局部的松软、突兀和衰老，完全改变了整个身体的形态，看上去就像一个漏气的鱼鳔，没有节奏、没有生命力、没有希望。我甚至都不爱自己了。

我马上想到我的未来岁月。

我知道太多人因为没有能够及时成功地恢复身材，以致后面很多年都还在和赘肉做斗争，甚至不爱自己。我必须要及时做出选择——成为她们，或者不成为她们。

我又想到我的往昔岁月，在 17 岁时减掉了 20 斤。我做过一次，那么我还可以再做一次。

毕竟，我可是一个写下过“要拼死保持”的人啊！

和 17 岁的我不同，现在的我毕竟代谢更差、起点更低，但我相信自己是一个各种人生项目的管理者。如果你像我一样，从未养成过持久的锻炼习惯，那么一个巨大的心灵创伤级别的打击能帮助你开始坚定地执行塑身计划。生育之后就是这样一个契机，在生育后你第一次照镜子时，那个崩溃时刻，就应该狠狠地抓住它。

你看着自己，悲从中来，你攥紧拳头，在内心呐喊：我想要美好的肉体啊！

然后就可以开始了。以下是我经历的主要流程。

首先，在生育后的第 36 天，我启动准备工作，为塑身这件事设计了 100 天的项目管理表格。

1. 测量：脱光立于镜前，进行自我观察，充分了解自己需要塑形的部位。测量这一天的胸围、腰围、臀围等重点部位，并在“定制全新的自己”的表格中认真记录。肉眼始终为第一判断标准，而不是绝对体重。真正塑身成功的标准是——当别人见到你时，说你“身材真好”，而不是“真瘦”。

2. 拍照：穿短衣裤，为全身、正面、背面、侧面拍照、留底，妥善存储照片。这将成为健身杂志里面那种被叫作“Before”（以前）的照片。确切地说，这是应该被叫作“Goodbye”（再见）的照片。以此照片为证，你将与过去的自己告别。当我进行这个步骤的时候，我还挺激动的。

3. 目标：在表格上填好目标数值和身材榜样。你也可以附上榜样照片，可以是巅峰时期的自己，也可以是与你的外表身形本来就有几分相似的公众人物。总之，你要有明确的方向。当然，数值和榜样一定要合理。

4. 深信：将以上工作都做好后，请注视整个表格，目光掠过未来的每一天，想象一天比一天都更加精致有型的自己，想象在目标达成后你的样子，深信你会实现，一定要深信。我认为，在人生的成长过程中，自我的正向暗示力量极大，比如深信“我会才貌双全”，深信“我会凌厉、性感、健康有力”，深信“我拥有不熄的灵感”，深信“我不会停止自我完善”。

然后，在执行的时候告诉自己这是一个“项目”。

对于一个具备初级项目管理经验的人来说，最好的办法就是将自己的身体当作产品，将塑身当作项目执行，这样思路会容易简单很多。在世间，把事情做好、做对的道理都是相通的。

对于项目，就要设计相应的量化目标、进度表、周期和结果测评。看到这里，你可能会说整本书都是表格，真是够了。但我反而认为在本书设计的方法论中，执行塑身表格后的成就感比育儿的 HABIT TRACKER 给我带来的成就感还要鲜明、直接。那时候我的创业还没有像现在这样如火如荼，对自我体能没什么确切追求，我只关心自己是不是美丽和漂亮。我真是太想要美丽和漂亮了。谁不想要呢？

做 100 天的表格是简单的，但是锻炼项目的可选范围太大。我在互联网上研究了一阵，决定将其确定为一个能随时启动的最简约的内容。我在启动计划的时候总有一个特点：先启动看看，不等到都准备好和研究透彻之后再去做。其实从来不存在都准备好和研究透彻的时刻。

最简约启动内容

1. 三件事：改善身材无外乎这三件事，一是减脂，二是增肌，三是规范饮食。所以，塑身 100 天表格仅用于记录这三件事。

2. 精简：有关减脂、增肌和规范饮食的理论一直以来非常庞杂，我根据自己的经验、采纳塑身方面的良师益友的建议，尽量将执行方法简单化。为自己选择和布置简单的动作套系，先练起来再说。

3. 阶段性目标：我将 10 天当作一个阶段，分 10 个阶段，每个阶段都有一个既定目标。设定目标的意义在于，既易于坚持，又能够有针对性地训练。

启动之时，我也不知道我在100天后会有多大改变，但我确信一定会有正向的改变。事实上，我自认为在生育1年后才完全恢复到之前的身材，并保持到现在。和项目一样，塑身这件事属于结果导向，过程中的各种借口都是苍白的，中途放弃是失败，反弹也是失败。最后，别人看见的只有你的样子。只要你已经立志塑身，不改变就输了。

以上的流程和操作都不复杂，甚至是老生常谈，如果说有秘诀可言，就是每个人必须找到属于自己的有效激励方法，确保健身这件事的持续性。

对我来说，这个激励就是：健身虽然痛苦，但不健身会丑更痛苦。健身虽然累，不健身的身体更累。并且你要记住下一秒就累趴的感觉、汗水滴下的感觉，其他事儿，没到这个程度，都不叫努力。我一位女性朋友的激励方法更刺激一些，就是在懒惰的时候看情敌的照片，看完就可以做到马上开始健身。

有了持久的激励，才会真正养成健身的习惯，带着爱，让健身成为和吃饭、睡觉一样的日常活动，比如我的伴侣叶先生。他与我同期展开健身，至今已经超过5年，他为自己设计了更加缜密科学的计划，完全改变了精神状态和身材，几乎成为一个“全新”的人。

还是那句话，时间看得见。健身就是投入和产出绝对呈正比的一件事，而且你会发现时间的力量带来的惊人效果。变胖与变瘦，都是在肉眼不可察觉中发生的。我们都需要一个更好、更健康、更漂亮的肉身，现在就需要，而不是寄希望于明天。

当你启动健身计划的时候，也可以同期启动学习和阅读计划。每次拿出两个小时，一小时锤炼灵魂，一小时锻炼肉体。因为阅读学习的成效无法立即肉眼可见，容易让人气馁而放弃长期坚持，但要给自己的脑部肌肉和大脑发展一个参照系。健身以 7 天为单位计算，基础越差者越能体验到肉体和精力立竿见影的变化，体能变化可感知，这两者就可以拿来做对比，互为激励。你知道健身的训练效果会体现在肌肉变化上，你便也能理解一小时阅读一定可以反映在思维上。双引擎持续练习，你的大脑将像身体一样美丽。这两种积极的变化是一起发生的。意志力、专注力是可以像肌肉一样，经过后天训练的。你需要做好充足的准备和决心：驯服天性，发现乐趣。

让我们把想象中的场景放在 100 天以后，想象几个月未见的人见到你的表情，想象他们突如其来的惊讶。你可以想象平静地看着他们的眼睛和嘴型，听到早已意料之中的夸奖，然后微微一笑。你当然值得被夸奖，因为你先付出了才会得到。看到你的人也许得到了一些启迪和视觉享受，但你已得到了太多：紧实顺滑的身体，轻松穿衣的快感，自我控制的信念。100 天后，这是你重新获得的人生，根本不需要向任何人说明。

*互动引导和填写

就是想要美好身体。这个过程是抵抗人性本能的过程，我们选择用当下的坚毅，来兑现未来巨大的延迟满足。不仅仅是身体的胜利，更是掌控心智的大脑的胜利。

锻炼前测量身体各个维度

脱光立于镜前，进行自我观察，充分了解自己需要塑形的部位。测量这一天的数据。

· 胸围

· 腰围

· 手臂

· 手腕

· 臀围

· 大腿围

· 小腿围

· 脚腕

拍照：穿短衣裤，为全身、正面、背面、侧面拍照、留底，妥善存储照片。

以此照片为证，
你将与过去的自己告别。

制定一个 100 天的锻炼目标，在表格中填写目标数值

这个数值应该是合理的，不是激进目标。

起始日期：

终止日期：

100天锻炼目标：

100天完成情况：

01	02	03	04	05	06	07
08	09	10	11	12	13	14
15	16	17	18	19	20	21
22	23	24	25	26	27	28
29	30	31	32	33	34	35
36	37	38	39	40	41	42
43	44	45	46	47	48	49
50	51	52	53	54	55	56
57	58	59	60	61	62	63
64	65	66	67	68	69	70
71	72	73	74	75	76	77
78	79	80	81	82	83	84
85	86	87	88	89	90	91
92	93	94	95	96	97	98
99	100	恭喜你完成100天计划！				

附上一张榜样照片。

可以是巅峰时期的自己，也可以是与你的外表身形本来就有几分相似的公众人物。

设置阶段性目标

每 10 天作为一个阶段，分 10 个阶段，每个阶段都有一个既定目标。建议可以选择参加一期“和潇洒姐塑身 100 天”。

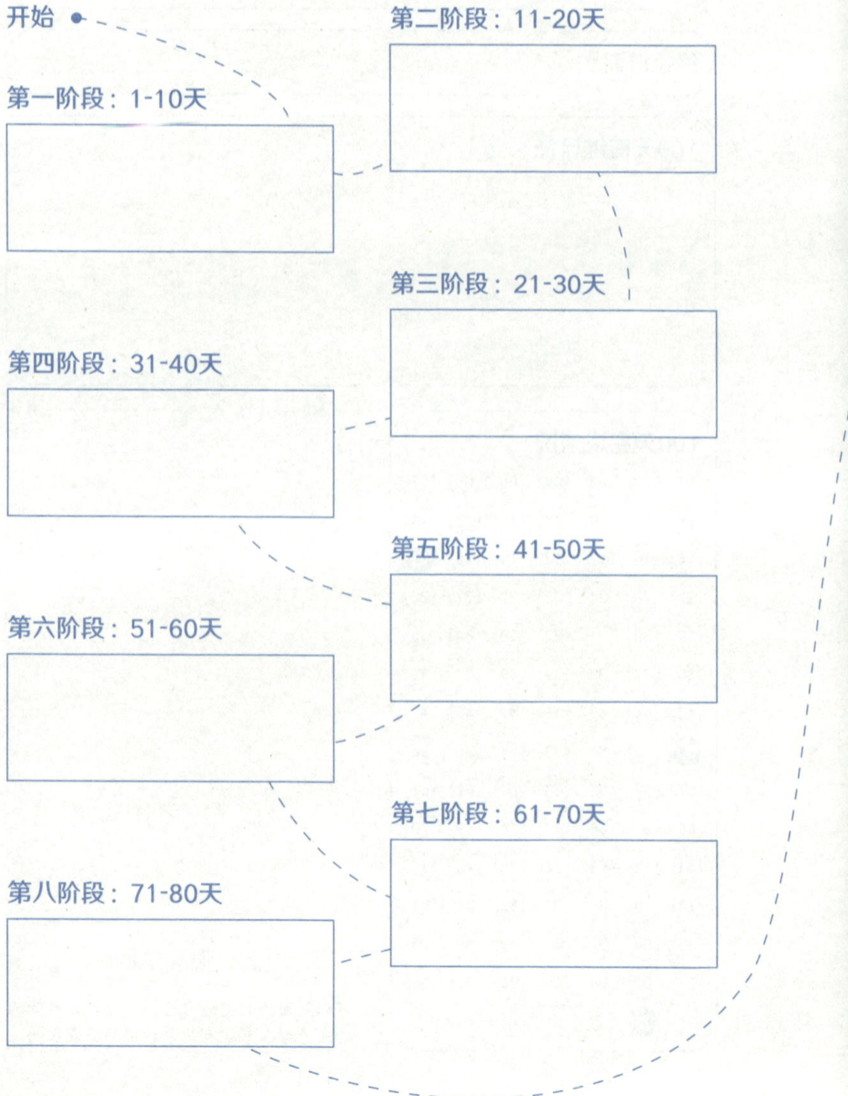

第九阶段：81-90天

第十阶段：91-100天

完成

锻炼后测量身体各个维度

脱光立于镜前，进行自我观察，充分了解自己需要塑形的部位。测量这一天的数据。

· 胸围

· 腰围

· 手臂

· 手腕

· 臀围

· 大腿围

· 小腿围

· 脚腕

拍照：穿短衣裤，为全身、正面、背面、侧面拍照、留底，妥善存储照片。

以此照片为证，
迎接全新的你。

饮食瘦身 100 天

在行为养成的线上产品“趁早行动”中，饮食瘦身 100 天是继“和潇洒姐塑身 100 天”之后推出的 100 天计划，很多参与的同学会同时报这两个 100 天。还记得在构思这个 100 天时，我和团队讨论认为，这应该算最基础的人生秩序重建计划了，因为不是每个人每天都要锻炼的，但每个人每天一定会吃饭。

这不是一个教大家做饭的计划，而是帮助大家有能力识别食物，无论是点菜还是食堂吃饭，还是和别人聚餐，从此一眼望去就知道吃什么。其实在任何地方吃饭，都能够通过掌握的饮食知识，自己决定吃什么吃多少，吃谁做的饭，在哪里吃，问题都不大。关于食物的很多知识，一旦掌握就会终生掌握，一人掌握就会全家过上饮食的正向生活。

选择食物的能力是一个很重要的能力，我们就是我们每天吃下食物的选择者。

我 17 岁第一次减肥，历时三个月，从主食的减少和替换开始，养成了新的饮食习惯，直到今天。从统计学的角度来讲，一个在生活中持续保持稳定的人，一定是非常清楚背后到底是怎样的行为体系带来的优势，帮助他做到持续稳。如果一个人能够持续 10 年 20 年的好看健康，眉眼明亮，身姿挺拔，那么，去观察他的饮食、睡眠、运动。

饮食瘦身 100 天，是对食物营养和选择的全面彻底的大普及，这 100 天是在潜移默化的过程当中，去迭代原有的行为方式和习惯，心理认知的调整和改变。虽然这些知识点和行动都很微小，比如，尝试将饮食中的一种红肉替换成一种白肉，非常简单。但习惯的力量是巨大的，在漫长的时间里，微小的习惯确实会改变一个人。

趁早反对一切速成主义。在身体管理这件事上，速成主义的表现就是走极端，只吃水煮蔬菜，完全不吃主食，不吃肉类的单一食物选择，已经被证明是不符合人体运转规律的。多了解一些饮食背后的科学原理，不要盲目地节食，盲目节食只会损害身体，而且难以长期执行。追求好身材一定要以健康作为绝对优先的前提。

无论男女，都应该处在健康的标准推动之下，这些标准甚至都可以通过量化，也可以通过均衡饮食和坚持锻炼达到。美貌是源自健康和生命力的美貌，是均衡饮食和坚持锻炼的结果。至于模特，健康美貌的模特当然可以是参考标准之一，但他们的美貌也是源于这个结果。

趁早效率手册的月计划页从2021年开始，有一个非常棒的迭代，我们将以往“肉体”部分重新划分为：运动、饮食、睡眠三大好看时间必修课，并且在每一门必修课的后面，都增添了相应的“知识点”，以及附带需要采取的“行动”计划。内容更丰富，行动也更明确。一个人的外表塑造过程一定是“综合管理”的过程，是心理状态、锻炼、饮食、日常养护和医美手段共同作用的结果，想单靠哪一个都是不够的。

*互动引导和填写

在关于吃什么、怎么吃的饮食常识方面，可以说大多数人都是一年级小学生，上学时候的课表里，没有一门课程是教学“如何正确地吃”——这件其实事关身体殿堂的事情。

这种时候，出于习惯，出于依赖，爸爸妈妈或者广告商会变得无比权威，我们慢慢形成自己的饮食习惯。食物经过咀嚼吞咽消化，结构被打散，进入血液，进入细胞，再次联结成形。确实是一口一口食物，构成我们的肉身。难道我们要开心地过着一种知识赤贫的生活吗？

认识到身体的改变，是以一种缓慢、分散的方式发生的，带着耐心和信念，进入饮食瘦身的 100 天吧。在这 100 天中，绝对不是节食减肥或完全颠覆之前的食谱，而是希望引导大家循序渐进地学习科学的饮食方法、饮食知识，首先知道，然后长期做到，进而持久地改变饮食结构。

以下是为期 100 天的饮食行动清单。

DAY1-10主食篇

挑出自己最喜欢的，慢慢去替代原有的主食结构。

过去	现在

DAY11-20吃鸡篇

拿出自己的手掌对照下，每餐吃够一手掌的肉类或蛋类。

DAY21-30红肉篇

更健康地吃红肉，做到增肌又减脂。

DAY31-40海鲜篇

健康且安全地吃白肉。

DAY41-50蔬菜篇

适合每天悬挂在头顶的待办：今天是否摄入足够蔬菜。

DAY51-60早餐篇

重新审视中国传统大碳水的早餐饮食习惯。

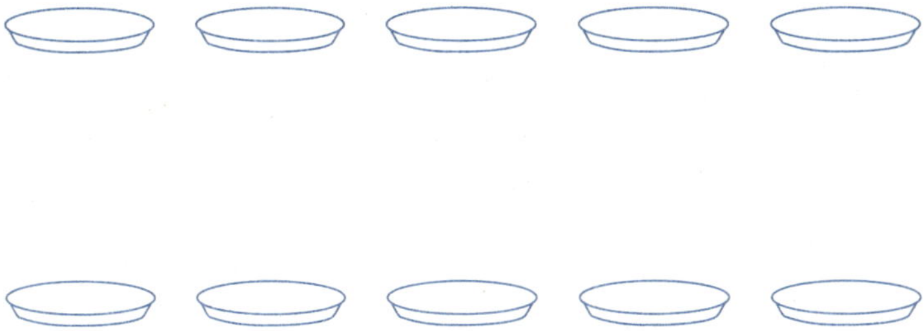

DAY61-70午餐篇

谨记 211 饮食原则，在哪儿吃、吃什么就都是次要矛盾。

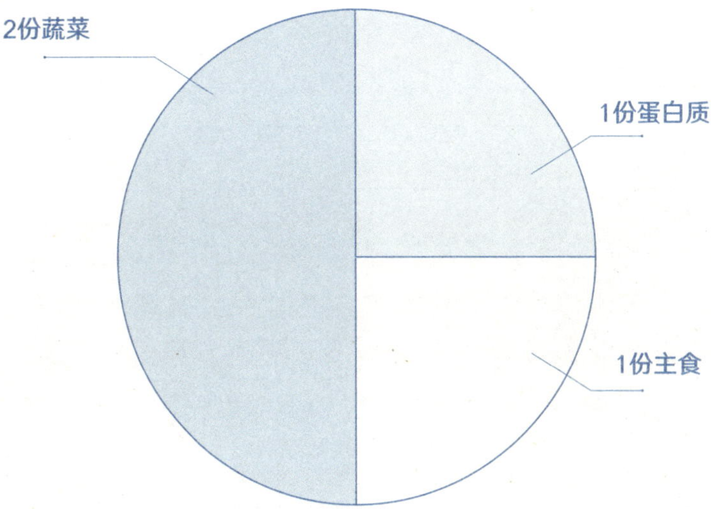

DAY71-80晚餐篇

凝视你的晚餐，主食、蛋白质、碳水？今天我还缺少哪些摄入。

主食：

蛋白质：

碳水：

DAY81-90加餐篇

正餐之余的热量额度如何分配?

· 加餐的时间

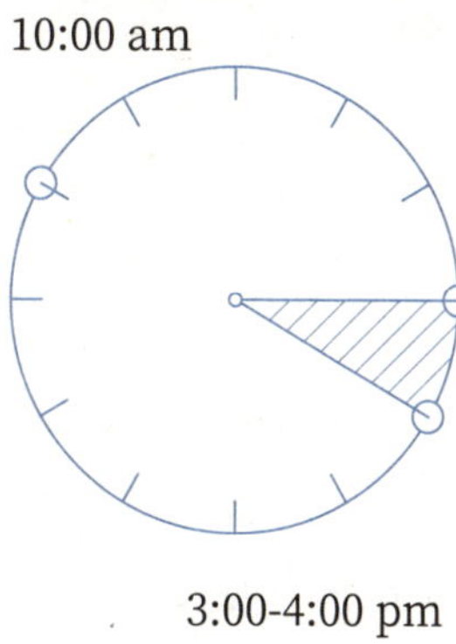

· 加餐的选择

蛋白质类	坚果类

零食类	水果类	其他

DAY91-100饮料篇

饮料选择繁多的当下，不得不更聪明地做选择。

极致的时间管理：以创业为例

英雄之旅

这一章将以我本人为例，讨论一个像我这样要面对高强度生活和多场景的人是如何进行自我管理的。我是一个创业者、写作者、妈妈，身份的多元使我面对着更复杂的时间与精力分配问题。当下，创业可以说是在所有生活方式中最艰难的一种。如果你也是一个身兼数职、背负责任且压力巨大的人，以下的内容将对你有用。

选择了创业，到底意味着什么？

距离梦想更近，拥有更富足的生活，这些是创业成功才会有的结果。必须承认，这样的结果是一个小概率事件。

一旦你选择创业，可以确定的是：你的生活从此拥有了大量的不确定性。

不是每个人都喜欢不确定性，因为它更接近危险，更容易引发恐惧，和我们自远古的遗传基因中对安全感的世代渴望背道而驰。

然而，也有人会发现，不确定性是非常迷人、令人渴望拥抱的东西。有极少数偏好高风险的人，认为人活一次，此生最大的魅力就是拥有不确定性，而创业让这种魅力增加了数倍。

你必须是一个发现了不确定性的魅力和决心拥抱不确定性的人，你获得的激动才能远远大于动荡所带来的痛苦。我们接下来要谈的事情，也都建立在这个基础之上。创业只适合偏爱未知、风险、坚韧、骁勇的人，创业之路通往的是一个窄门。

如果你是一个创业者，面对各种维度、陆续发生的不确定事件，你要做出选择。你要拥有解决问题之道，才能发现与掌握在不确定性背后的规律，将其中坏的规避，让好的重复出现。

作为一个创业者，你必须坚信，任何一个问题都有解决办法，而你的任务就是找出这个办法，无论找出办法的概率是 9/10 还是 1/1000，你的任务始终不变。

接下来要说的，就是在谈及创业各个层面之前，创始人首先从自我本身出发、要去寻找的解决办法。

从 2008 年 2 月正式注册公司开始，我创业的时间为 13 年。以下言论代表我个人的经验和观点，在我本人已经形成的思维方法和逻辑体系中被证实高度自洽有效。如果你也是创业者，希望对你有帮助。

创业一定是“all in”（全押）的游戏，既然整个创业生涯都将进入巨大的不确定性旋涡，需要坚持不懈地寻找解决方案，那么首先审视的部分应该是什么呢？应该是创始者本人——你自己，因为你是你的机会，你也是你的瓶颈。你是你的问题，你也是你的解决之道。

首先，一个企业创始人对自己的能效管理，即如何分配和利用时间、如何自我调动和休息、如何研磨自身的差异化优势，是公司最开始的核心竞争力。

人与人的先天能量差异是巨大的，我们常说的时间管理，实际上是对单位时间内生产能力的管理。创业者单位时间的劳动生产率、思考认知能力、学习能力、沟通能力、解决问题的能力，都是企业竞争力的核心。就像经常说的，“连自己的身材都无法管理，如何管理自己的人生”的道理一样，创业者只有能够管理好自己的能效，才能管理好团队的能效。

接下来，我将从 7 个角度探讨创始人自我能效管理的问题。

要记住，创业是人生的赌徒之旅，是和时间的赛跑。在整个创业历程中，面对不确定性，掷色子的机会是有限的，并且是永远指向资源消耗的，资源永远是稀缺的，无论是时间、智慧，还是金钱。

你必须在趁早了解自己的基础上，做出最适合自己的选择和行动。

以下是创业者在自我能效管理上，要面对、处理和解决的 7 个问题。我们也要知道，创始人本身的一些特质不是单纯地解决问题，而是需要更多地面对和处理问题。

解决你的优先级问题

很多人会说，优先级的问题可以用紧急和重要四象限来划分，在创业过程中，当然将创业放在第一位，把每天的梦想拆成 KPI 填进四象限，就是优先级管理。我认为这个思路总的来说没错，但这是第三步的事。从创业者本人的角度出发，前面还有两个非常重要的步骤需要完成。不然，你会发现，你走得越远，你自身带来的阻碍越多。

第一步

你需要明确，对自己来说，生活中哪些是必然正确的选择。

比如，锻炼身体和阅读。在任何时候这样做不会错，不会晚，不嫌多。

我认为，锻炼身体、保证作息和饮食，尤其针对情绪的调整和管理，都是非常重要的事情。身体是你的创业之本，处于优先级的首位。

创业是一条长路，谁也不知道究竟多长，如果你是不确定性爱好者，那么几乎可以断定这条路将到达你生命的终点。因此，你需要足够长的时间、足够强韧的心力，你的身体必须好，这点是基本前提，非常重要。

健康的身体和心智是你的基础成本，其次才是时间、智能、钱和资源。你要做好面临足够多的攻城—失败—再次出发—再次攻城的准备。

因此，在你的时间表中，排在优先级第一位的是身体和心智，应拿出时间以科学研究的态度用在对身体问题的专注上。记住，做这件事不会错，不会晚，不嫌多。

请你拿出效率手册。

无论你如何安排你的时间表，在优先级的第一位，将锻炼时间和休息时间填写进去，并且要保障时长和频次。至于具体的时长和频次，要根据你自己的情况。比如由于遗传特质，你每天睡 4 个小时，每周锻炼 3 次就可以保持良好的状态，那么你按照对自己的了解进行计划就行。

对于创业者来说，锻炼身体已经超越了爱好，是必须做的功课，与学习行业知识一样重要，与现金流一样重要，这是你的能量流。

如果创业让你感到焦虑，你必须找到自己独有的缓解焦虑的方式，并且留出缓解焦虑的时间来化解焦虑。

锻炼身体和排解压力是创业的一部分，而且是重要的一部分。你创业的必要条件是活着，而且是生机勃勃地活着，比非创业者的能量要多、要大。创业者要同时点燃自己和团队，你要像燃料那样活着，所以你首先要具备充足的能量。

努力保证睡眠，将提高睡眠质量和保证睡眠时间当作重要的目标来追求。你的睡眠质量和睡眠时间也在优先级之内，因为睡觉是创业过程中的一部分。

我为自己设计了创业主题手册来做创业日程和精力分配的规划，这个工作手册是非常细密和偏执的，适合我这样的创业者使用。

第二步

这一步终于讲到创业本身了，但不是马上讲到实现战略和梦想的问题，而是讲要将时间分配给解决企业如何活着的问题。让公司活下来，是第一要务，因为活着就是一切，就是希望。

在创始人自我能效管理方面，你既要管理自己用多长时间仰望星空，也要管理自己用多少精力脚踏实地。你要充分琢磨眼下的生存问题，看现金流量表能让公司活多久，明确每个月的收入支撑是什么，如何落实计划。你要每天花时间研究成本结构，研究减少可变成本的可能性，研究降低成本来获取用户的方法。

作为创始人，在企业的现金进入健康循环之前，你要亲自查看财务报表，要亲自落实重要的项目。

你要专注于当下你可以销售的产品，专注于寻找用户。无论创业是缘于什么，创始人都要拥有从头好好做生意的心态。所谓好好做生意，就是想清楚把什么东西用什么方法卖给谁的基本思路。这个思路是简单、朴素、直接的，必须由创始人自己想清楚。

在思考了生存基本保障之后，你可以开始思考梦想。思考什么是应该放弃的、次要的东西，放弃了它，你才能集中精力来追求最重要的东西。你不得不每天在梦想和现实之间来来回回，因此你需要为梦想和现实都留出时间，在你的效率手册上写下确切的时间。你可以通过阅读、对谈、计划来完善梦想，为梦想做笔记，更新大胆的思路并写入商业计划书。

否则，只有梦想，你会无法落实，你就是无米之炊；只有现实，你会狭隘，你会终日忙碌。

思考梦想最好的两个时间：一个是午夜，另一个是清晨。我的经验是在午夜，可以让梦想狂野，让你充满幻想，这时候会涌现出更新你一生的计划和商业计划书的想法。清晨可以让你振作和务实，你可以用这个时间写下执行方案和分工方案。

因此，创业者可以训练自己在一早一晚养成写创业日志的习惯。创业日志就像长跑者脚下的每一块砖，积累添加才会见效。

晚上狂野，你就“放”，写演绎，写想象；早上务实，你就“收”，写执行，写归纳，写落实。

创业者还应该重视两种时刻，并给自己特意留出能产生这两种时刻的时间段。一种是交谈和头脑风暴的时刻，另一种是阅读的时刻。阅读其实是另一种交谈。将瞬间的灵感记录下来，将启发和激荡你的观点迅速更新到日志中。每周，你都应该在优先级上做这样的安排，而不是一味低头创业。

第三步

创业必然包括设计远景目标和兑现梦想。如果你对计划和时间管理有些经验，这时就可以用上四象限和甘特图等工具了。你需要为自己的项目设计时间表，从大目标逆向倒推，倒推到每个月甚至每一天自己和团队的 KPI。这个时间表和企业的成长节奏、融资里程碑都息息相关。

你可以像那些勤奋的创始人一样，在每天早上开列自己的清单，包括找人、找钱、找资源、回复邮件和激励员工等。

如果公司刚起步，你还需要找到亲力亲为和授权给别人之间的边界。在这一部分操作里，每天会有大量的不确定性冲向你，带给你惊喜和失望，希望点燃又破灭，来来回回。你需要的是坚韧和执着。在这个阶段中，吃苦和勤奋是最划算的，是除了钱之外可以反复押上的筹码。你付出的是你的体力和脑细胞，所以排在优先级第一位的身体和心智部分随着这层面的开展变得尤为重要。优先级的第三步，是你要通过管理自己去管理公司。这和公司的主要驱动力、管理风格都密切相关。比如，你判断公司的主要驱动力是什么，你就需要按照自己对管理公司的判断来分配时间。只有通过足够有效的推进，你才能测出你对公司的各种判断的有效性。

比如我在使用创业手册时，会把内容进行分类，分别是钱、人、资源、产品和日常管理。事实上，企业在每个时期的重心是在变化的，因此你在每个时期的工作重心也要随时变化。

根据对工作重心的判断，创业手册中的每一栏都有每天的功课。你要发誓，一定要推进当天的目标。每天的最低限度是一定要向前跨进一步，哪怕一厘米。不积跬步无以至千里，这就是创业。

你要踏着造物主的时光刻度，一格一格地完成。你要坚信，未来的成果，就是现在所做的一切事情的回报。

创业是围绕信念所展开的一系列行动。

创业手稿

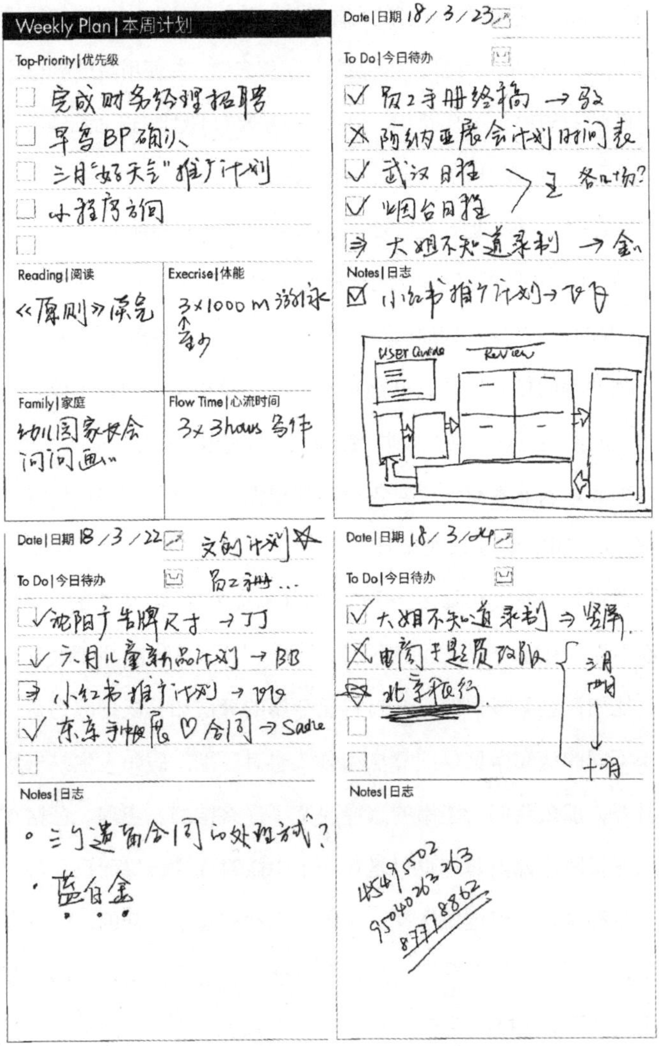

面对你的贪婪和恐惧

以上我们解决了优先级的问题，实际上，优先级的问题需要建立在一个假设之上，这个假设就是：创业者本人是足够理性的。足够理性，才能客观看待自己，包括看待自己的身体条件、对企业驱动力和判断工作重心的能力。尤其是在执行层面，一旦认定了就去做，并使用最科学的方法，这是最理性的执行。大家常说，创业者最需要的不是理性，而是激情。其实，激情是一把双刃剑：一方面，激情会让人产生高能效；另一方面，激情也是情绪的一种，但凡是情绪，就会影响人的认知和判断。

建立自我能效解决方案的目标是能应对各种扑面而来的不确定性，而我们自身的人性在面对不确定性的时候所产生的各种情绪是最难把握的。

创业者的核心工作，就是在自己的贪婪和恐惧中，不停地面对一系列的不确定性，必须及时做出一系列的风险决策。

因此，创业者有一个常年的功课要做，那就是不停止地练习和掌握自己专用的基本决策工具。

重点是要研究和掌握自己专用的基本决策工具，听来的、复制来的都不算，因为人与人之间的区别、公司与公司之间的区别都太大了。

比如做金融投资的人会有自己专属的算法和公式，因为每个人基于不同的认知所偏好的算法和公式也有区别。假如人生是一场概率游戏，那么我们一连串的选择决定了最终结局。查理·芒格在评价巴菲特时，说巴菲特也只是在一生中做对几次选择而已。每个人的一生都是在不停地做选择，无论是主动的还是被动的。创业者的人生，必须是不停有意识地练习做选择，公司的命运往往都是其中几个关键性的选择决定的。

我特别认同电影《教父》中的一句话——每个人的幸运都是他自己选择的结果，就像他的不幸一样。

每个人都有自己偏好的基本决策工具，只是有的人意识不到自己有一些决策工具罢了。

为什么清单

执行清单

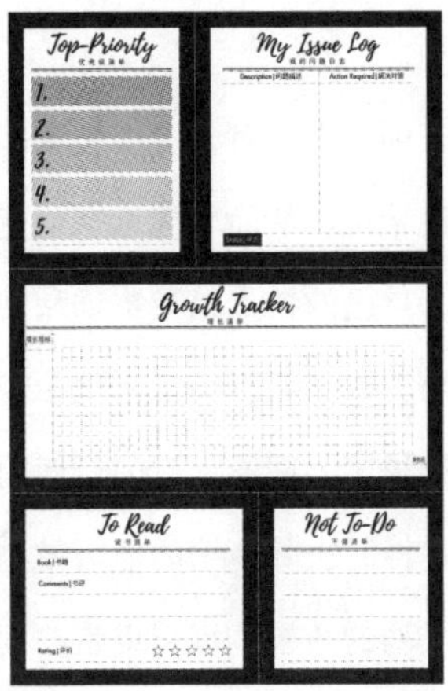

复盘清单

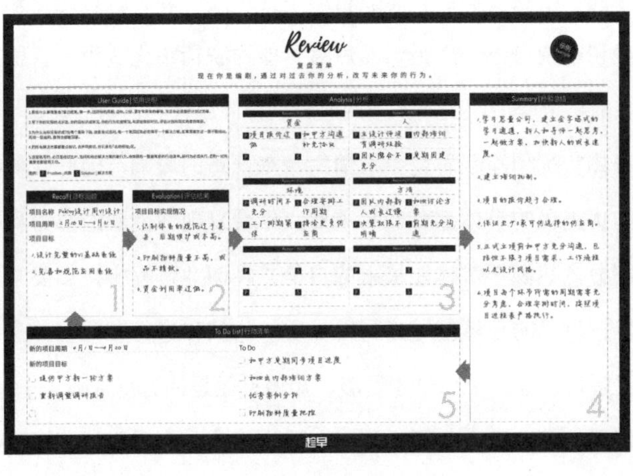

举个开玩笑的例子，当人们遇到事情，开解自己的时候会说："大过年的，来都来了。"这就是一种容忍犯错和沉没成本的常见决策工具。和大多数创业者一样，我常用的决策工具是基于行业数据和规律的计算。对于具体产品，要对成本、时间、执行难度和复杂性进行预估；对于一个项目，要在大趋势下对风险控制进行论证。在展开这些工作之前，一个很重要的步骤是解决情绪干扰问题。

在创业中，有一个很重要的能力，是在任何选择面前摒除情绪和其他干扰，从而理性选择最佳路线。这种能力要建立在对人性的弱点、自己的特点以及市场和规律尽可能充分了解的基础之上。脑子一热、意气用事、情绪化、慌张、恐惧等各种复杂情绪的交织都会影响决策。理论上，创业者的信息搜集能力和全局观越强，在每次做抉择时去除情绪的能力就越优秀，多次选择的累加就越趋向于商业成功的结果。真正卓越的创业者应该精于计算并且冷血，类似于 AlphaGo(阿尔法狗)的存在。

因此，创业者在自我能效管理中的重要一环，就是先觉知自己的贪婪和审视自己的恐惧，然后尽可能摆脱情绪化决策。将帅之才需要在战略上激情，在战术上冷血，这样才比较容易打胜仗。

身体状况和睡眠质量会给情绪带来严重的影响，因此我们前面说过的优先级的身体部分非常重要，你会发现你创业的心力和韧性很大部分竟然源于对体能极限的自信。在创业过程中，你要学会休息，掌握自己的身体信号，利用优质的时间和进行有效的休息。你需要了解自己睡几个小时才足够，知道自己是拥有那种睡 4—5 个小时就够用的精力过人基因，还是在透支生命。你需要训练出符合自身的快速休息方式，有的人快速打盹儿就可以充电，有的人在车上、飞机上就可以获得优质睡眠。比如，我比较容易在美容和按摩的时候获得优质睡眠，我就会特意留出这个时间让自己休息。这样既是为了体能和健康，也是为了调整情绪，从而让决策更准确。

我还会使用的一个好方法就是写下来，在面临选择之前，用白纸黑字写下我的贪婪和恐惧，贪婪就是我想要的收益和机会，恐惧就是我怕产生的损失和风险。将贪婪和真切的梦想与使命做比对，问自己：是真的想要，还是虚荣和投机让自己想要？

将恐惧和他人的评价做比对，你感受到的是失败的恐惧，还是没有出手的遗憾？请反复把自己置于场景中想象，体验代入后的情绪。

然后要写下形容词来描述当下的情绪，并给情绪评分：从 –10 到 10 分。0 分表示平静，在 –3 分之下，3 分之上的时候不做决定。其实谈恋爱和结婚、离婚同理。这就是为什么重大决定不要在午夜的时候做，不要在失眠或喝酒之后做，不要在和其他人彻夜长谈之后做，要在白天做，要站在阳光下、让阳光照在你脸上的时候做。

在情绪特别强烈的时候，创始人也要寻找办法帮助自己平静。尤其是当出现愤怒、狂喜、嫉妒、悔恨等情绪的时候，必须训练抽离和旁观的能力。

在这里我很想说一点，创业是为了让创业成功，不是为了感动自己或成为悲情英雄。有的创业者会用悲剧感和决然感来自我美化，代入绝地反击、背水一战的故事去做决定。英雄要打胜仗，英雄都是在胜利之后被追认的。你必须完成故事，才能成为英雄。你的关注点必须一直在打胜仗上，在这之前，不要去看自己落寞的背影。

选择创业，面临不确定性，当然会获得超乎平常生活的体验，但体验过程是不为人知的，商业成功是唯一的结果。所有决策只分为两种，有利于商业成功的和不利于商业成功的。在判断的时候，只做这两种判断。当我的情绪出现时，我常用的办法是抽离法，比如看宇宙天体的纪录片或者地球的纪录片，变换格局和视角，告诉自己这都不叫事儿；我还知道有人是去墓地，体验终极视角，帮助自己抽离，用更长的时间线或者更大的视角来做决定。死生之外本无大事。作为创业者，我习惯于专注未来，平常不喜欢回忆过去。为了调节情绪，我会回忆上一个时期或者是几年前的自己，告诉自己今天面临的痛苦和困难是我选择的结果。困难是不会停止的，但今天的我面临的是更高层面上的困难。随着我的升级，困难也越来越高级。今日的困难之大，在当年是不敢想象的。因此，我依然会获得一种具有进阶感的判断，这也是成果的一种。我预谋了更大的困难，是因为我曾经渴望更大的困难，当然，我最渴望的是战胜困难，那么我最应该做的就是战胜它。我的情绪会转化成斗志。

还有的创业者朋友会找人聊天喝酒。找人聊天也许管用，但建议你与经历相似的更大格局者聊天，否则容易变成无谓的倾诉和发泄。我个人不主张发泄，而是主张用升华和抽离的处理方式。心要大。本来创业的理想重点是指向自由的，努力让自己自由，哪怕在最难的时候也是。

当然找到格局更大的人聊天是很难的，创业越往后越难找，所以创始人是孤独的，这种孤独包括个体孤独和战略孤独。

你终究孤独

说到孤独，我们看到不少创业者都罹患抑郁症，这和孤独是强相关的。

人都是孤独的，在独处的时候孤独，在热闹的时候也孤独，永世孤独。真要说起每个人的孤独，需要有足够的时间和场景慢慢咀嚼、细细体会。也就是说，孤独从根本上是没法解决的问题，只能尽量将其最小化。

一旦创业，创始人的孤独要在个体孤独之外，再加上一个“战略孤独”，无论你去哪儿或者不去哪儿、想怎么去，都无法真正再与谁说明。投资人、用户、团队，都只能知晓你的一段或者一面，所以从这个角度来说，在创业的时候有合伙人会好很多，有人同行，凡事有人商量，至少在公司的决策层面上，可以用多视角来观察事物。

对于处理孤独的问题，在我的经验里最好的办法是：第一，接受孤独的事实；第二，给自己加戏，就像刘瑜写的那句“一个人要像一支队伍”一样。

无论创业与否，这一生，都是要自己陪自己走的。既然创业了，就更极致一点，自己除了是公司的 CEO 之外，自己也是自己的 CEO，自己是自己的健身教练、营养专家、心理医生和知心好友。“修身、齐家、治国、平天下”，既然敢创立一个公司，从无到有，到进行 A 轮、B 轮、C 轮融资，难道还管理不了自己、陪伴不了自己？必须得行啊！所以一人分饰多角，自己探讨、陪伴自己。你必须丰富、强韧、有趣，在独处时也兴味盎然，在聚会时你是烧脑中心，在布道时光芒万丈，这才算是一个灵魂创始人啊！

你创业了，你是创始人，你注定要成为极少数的人，如若别人都能看懂你，都能理解你，那他们就都成为你了，那你还怎么成为独特的极少数，怎么成为灵魂人物呢？因此，创业者之路就是极致的孤独之路，不然呢？

但是，同样是孤独，创业者有个必须异于常人的地方，就是明知人终究是孤独的，你也要尽力去沟通、去传达，让你的用户懂你、合伙人懂你、团队懂你、投资人懂你，一遍又一遍去沟通，不能懈怠。哪怕你其实是内向人格，对人与人之间的“懂”持悲观态度，也要用语言、文字和行为，不知疲倦地去传达和影响周围的人。你要传播，要点燃，要燃起星星之火。你是旋涡的核心，你是原始作用力，你不宣传，就没人替你宣传了。

我们在前面提到了创始人的理性，什么是理性？就是你的内在是孤独的，为了创业，理性告诉你，外在的功课也要做，这是创业的需要。

但是，必须处理孤独，不然你会出现问题。

当孤独让你情绪化，尤其是接近自闭、绝望和崩溃的时候，你必须主动地寻找解决办法，哪怕是寻求心理医生的辅导。

首先，让自己进入高度专注的心流，通常是处理孤独的好办法。比如看电影、听音乐、阅读。我也经常求助于写作，尤其是阅读后被激发出的写作欲望对我的启发式思考是立竿见影的，我本人很喜欢被作者的观点和文字所激发出的感情。虽然我没有和作者面对面交谈，但在那些时刻是绝对不孤独的。

其次，与合伙人和团队深谈，努力沟通创业中的实际问题，这些问题的进展会带来最直接的快乐。归根结底，创业者的孤独源于迷惘、自我怀疑和个人承担的巨大压力。治疗孤独的最大良药就是打胜仗。打了胜仗，什么病都没了。

我认为创业者出现的孤独都应该是战略孤独，而不是文艺孤独，更不应该是终极意义孤独。终极意义的问题应该早就在创业决定期的价值观层面就解决了。或者说，难道创业这件事不裹挟着你的人生意义，不带有你来到这世间的使命？如果你的答案是否定的，那可以说你的创业也非常危险了。

我认为创业者的逻辑越自洽，越容易成功。你是谁？你要去哪儿？你为什么出发？不解决这些基本的人生问题，你会缺乏底层心力去面对未来的大量问题。我们常说的一个词，叫莫忘初心，什么叫初心，它不是一个很文艺的东西，而是一个很哲学的东西。

文艺孤独的原因是审美缺乏共鸣，战略孤独的原因是缺人一起指认前路。我个人认为，创业者如果出现了文艺孤独，那么可能是因为创业还不够极致、不够专注。在具体问题面前，实在很难有时间文艺孤独。

如果是文艺青年创业呢？文艺青年在创业的时候，比如做消费升级类产品，也不用总是埋怨市场和用户不懂你。市场和用户就是因为审美不如你，才需要你引导啊，大家都和你的认知一样了，那还需要你引导干什么，还需要你提供什么产品，还消费升级什么呢？就是因为市场有需求，才有你创业的机会，不然还有你什么事儿呢？

趁早是我的第二次创业，第一次创业我是做商业设计公司，后来转到公关互动公司。之前我在做商业设计公司的时候，就遇到过类似的问题，客户要求修改稿件，我就不生气，因为他不如我，他才需要我的服务帮助他提升。当时我们还给客户设计过店面的牌匾，真心觉得满街的店面牌匾都好丑。然后当我去巴黎出差的时候，我就想，多亏我们在北京做商业设计，如果是在巴黎，家家户户的审美都这么好，我开商业设计公司就饿死了。所以心态很重要。你孤独可能是因为你优秀，猛兽总是独行。

刚刚提到了终极意义孤独，我本人还有一个好办法来解决战略孤独。由于我的战略孤独会伴随着在创业道路上、在具体选择面前的自我怀疑和迷惘一起出现，因此我会从头梳理我的出发点。我会持续问自己以下几个问题：我是谁？我要做什么事？我要怎么做？我要用多快的速度做完？

我会重新懂得我为什么出发，我为什么走上这条道路，这是我选择的意义和使命。因为我是我，我根本不会做出别的选择，就是会走上这条道路，就是会面临这一切，体会到这种孤独，这种所谓的孤独。

然后我会把战略孤独的原因拆解，纳入下一阶段的计划和工作当中。当前路明朗起来时，上一波孤独会消失。我要打胜仗，在打完胜仗之后，不断朝前走，下一波孤独又会出现，孤独根本不会消失。

反正总要孤独，我们应该走出很远再孤独，或者宁可在很高的水平上孤独。到了一定高度之后，我们甚至可以追求孤独带来的优越感。无敌是多么寂寞，多少人都是为了爬上山顶，感受一刹那的“拔剑四顾心茫然”啊。

解决专注要面对的问题有两个：一个是时间问题，另一个是能力问题。

创业，就是找到一个入口，扎下去，像钉子一样钉进去，深耕。

这要求创业者有追求本质和深度思考研究的能力，这和当下倡导的碎片化学习是背道而驰的。

我认为碎片化学习是伪学习，尤其对创业者而言，想要深入某一个行业，就必须持续深度学习才可以。学习者只有屏蔽干扰，快速地进入心流状态，才会对知识有深度的掌握。只有在高度专注后产生的心流才会让人产生浸入和美好的感觉，从而让学习状态保持良性循环。我们在看电影、听音乐、画画、阅读、专注思考、做题的时候，都会进入心流体验，这是高峰体验的一种，我们常说的“笃定”这个词，就是在描述这样一种体验。

因此，在能效管理上，创业者要注重专注时间的分配，这个时间在日程表上应该是被创业者长期坚持的。按照时间管理的四象限法则，它是那类典型的重要而不紧急的事情，和锻炼身体十分相似。你需要有意识、间歇性地进入心流，体验心流的存在，并掌握快速进入的方法。事实上，确实有人已经训练出快速进入高效专注状态的方式，比如在机场写作或者在排队的时候学习，但我认为只要稍微能保证时间，就不应该推崇这种“速食”的进入心流的方式。心流有助于心理健康，即使创业艰难，你也能有机会体验超然物外和物我两忘，并且在专注和学习中体验到达成里程碑之外的过程美好感。

在专注目标的道路上能够体验到的过程美好感，其实是心流提供的。你不笃定，不沉浸，就不会体验到。这一部分的自我认知和训练方法在本书的第三章已经提及过，建议可以再返回阅读。

所以在自我能效管理上，作为创业者，即使再忙，有再多的琐碎事务，每周也要在效率手册或者日程表上留出几段心流时间。我知道有些有信仰的创业者会通过冥想和打坐来调节，这可以作为另一种心流的呈现，也是不错的方式。你要找到适合自己的方式，但你必须让自己拥有这种笃定、平和、舒缓、专注的时刻，为自己获得张力。

我之前写过一篇叫作《神奇药丸》的文章，说的就是心流这种现象，每个人其实都可以找到这种专注的能力，这种学习的能力，甚至是能够发现活着的美好之处的能力，从而很好地解决情绪和心理的问题。

我本人在进行自我研究之后，发现我有进入心流体验的习惯性标准时长，大概是3个小时。我只有在足够长的时间内沉浸专注一件事情或者完成一种工作，心流才会出现。如果你没有其他艺术类爱好的话，阅读和写作也可以是培养心流体验的重要方法。

同样，如果你想让大脑获得休息和转移注意力，看电影、谈恋爱、运动也是获得另外一种心流的方式，可以帮助你进入高峰体验，缓解压力。

有一些机会主义导向型的创业者，看风口比较多，喜欢碎片化知识和学习，又喜欢参加各种会议和论坛。我认为要适当减少以上这些比重，才能把知识、观点真正变为己有。不然没有根基就会飘摇，在创业的潮水中就容易形同浮萍。我比较极端地认为，没有专注习惯和能力的人难成大器，也很难在过程中体会到真正的幸福。

让“长板”无限长

人与人之间的先天能量区别是巨大的，我们常说的时间管理，实际上是对单位时间内生产能力的管理。创业者在单位时间内的劳动生产率、思考认知与学习能力、沟通解决问题的能力，都是企业竞争力的核心。

创业比拼的主要是时间窗口里的速度和规模问题、在同样的时间内的差异问题。既然是时间周期恒定的比赛，比的就是创业者操盘的差异。人本身是每个创业项目最大的机会和壁垒。所以创业者自身要管理单位时间的能效，就应该专注在两点上：第一，如何快速放大优势；第二，如何快速减少瓶颈。第一个是为了像田忌赛马，让自己的长板无限长到别人很难模仿和追随的位置，第二个是为了补足创业者通识，让自己的短板在未来不要成为阻碍发展的瓶颈。

如果持续做这两件事，做到获得显著成果的程度，就可以让创业者的自我能效管理达到最高水平。

反映在能效管理规划上，就是要为自己设计 KPI。比如，以一日为记，今天你在长板的方向上，做了哪些具体的努力事项；同样，在补足短板上，你又做了哪些。日日积累并更新。更新到某天，在单位时间内，你操作长板时间的产出是竞品创始人产出的数倍的时候，积累就开始见效，这也是一万小时定律的基本概念。创业者的优势在于，在补足短板的操作上，你除了自己做还可以找别人，那么你就要在每天的计划中，预留出找人的时间，直至找到，让这个人发力来补足项目和企业的短板。

那么，像前面提到的优先级事项、情绪处理时间、心流专注时间一样，你需要把长板和瓶颈都放在效率手册和日程上，成为非常固定的项目，而不是突击做、想起来才做。尤其是对于长板，长时间的加强和积累会带来质变。

今天所有的能效管理解决方案，其实都是帮助企业的管理者在解决当务之急和扑火救火之外，确定哪些日程的分配和持久的计划能陪伴其走出很远的路。创业者的个人能效管理意识能够让我们兼顾短期目标，为自己的可持续发展打下基础。个人能效管理意识的核心理念就是节制、塑造和践行。

极少数的人生排序

创业者需要自我养成计划，好的创业者能塑造团队，也必然能塑造自我。

真正的创业者都是自驱型人格，自驱必然带来自律，因为想成功就要每天努力。时间久了，就形成了习惯。好习惯都是习得的。其实我们这里所说的自我能效管理和解决方案，在很多优秀创业者身上，都已经形成了习惯。在另外一些人那里，我们也听到过“道理都懂，但还是过不好这一生”。我的看法是，说道理都懂但没有执行的人还是不懂。既然没做，当然过不好一生。

以我为例，我大范围内都在执行这些能效管理的法则，比如说我非常关心的优先级里的身体、睡眠和情绪。对于解决公司先生存再发展的问题等，我基本都按照这些逻辑来安排我的时间，我也很早就处理了孤独的问题。但是心流问题我依然解决不好，究其原因，是我对自己认知的惯性和拖延。比如我知道自己可以长时间阅读、长时间绘画，我也拥有过在固定周期内大量专注写作的能力，所以我就会放松要求，认为自己可以在下一个长时间里重现专注。但是事实证明，在所有的习惯中断后，心流状态都会退化，进入心流状态更慢，获得效果更差。这就导致存在一个长期脱离状态，需要把自己重新拉入的问题，要解决这个问题，就要在固定时间内做能效管理。

按照以上提到的逻辑，在你的创业者手册上，你可以写下如下规定。

9月20日

1. 保证睡眠7小时

2. 健身1小时

3. 公司生存：现金流和销售业务

4. 公司发展：策略、人、资源、钱

5. 传播认知和点燃团队成员，谈话30分钟

6. 长板时间

7. 瓶颈时间

8. 心流专注时间（可与长板时间重合，也可以分配给转移注意力的情绪处理型心流活动）

自律对应“他律”，在创业者身上，也能看到他律的部分，因为时间和竞争对手在追赶你，你会发现你被趋势、市场和用户推着走，迫使你做出很多行为和努力，这是时代在选择的结果。如果他律见效，会慢慢转化为自律的习惯，被迫转为自发之后，你可以按照自己的特质和行业特征去丰富上面的规定。但是在原则上，以上8项是不可放松的，因为任何一项的长时间疏忽都会在未来显现出破坏性结果。

关于恋爱和婚姻

当我每次评论和回答关于女性创业者的问题时，我都会提到女人和女人之间的差别之大，早就超过了男性和女性的差别。

关于创业者的精神世界、情绪问题与孤独感，我们之前都做了一些讨论并有了一些结论。对于家庭中的亲人与情感关系，最重要的就是彼此懂得和互相满足需求。如果你是一个创业者，或者打算创业，还没有选择伴侣，没有建立家庭，那会相对比较好办。

你刚刚不是已经排列出属于你的能效管理列表了吗？你的每一天都有了明确的日程清单，你也非常清楚每一项日程背后的逻辑，作为一个优先级清晰、注重管理健康和情绪的创业者，你的清单中其实有明确的时间留给健身、情绪处理、看电影和谈恋爱等心流活动，那接下来就很好办了。

第一层，为了避免人生终极意义上的孤独，你最好上来就跟他（她）讲清楚你是谁，你要去哪儿，你要怎么去。也就是，解释你为什么创业，你选择这条道路的原因。当然，他（她）会关心如果要陪伴创业的你，他（她）会面对和经历什么。

第二层，你完全可以直接回答他（她）会面对和经历什么问题。给你的交往对象、潜在伴侣、结婚对象候选人展示你的日程清单，首先解释每一条背后的形成机制和操作目的，看他（她）懂不懂。然后指出其中哪一条是可以与他（她）共同完成的，比如健身部分、情绪处理部分和心流部分，你可以邀请他（她）参加。并且你要记住，这并不是你为恋爱、为家庭、为他（她）特意留出的时间，作为创业者，你本就需要这些时间，现在你需要一个一起参与的对象，因为你们互相喜爱。这些时间从来都不应该被抛弃和牺牲。

第三层，当然你和他（她）都会认为，这个清单是理想状态，你的时间一定会被各种不确定性挤压和改变。你要告诉他（她）那些不确定性恰恰是最令人着迷的部分，不知道会发生什么，惊喜和跌宕都在前面，你要的就是这样的生活。只要你有了这样一份能效管理清单，你和他（她）就已经掌握了生活大体上的样子。创业当然充满混乱，但不会有 365 天的混乱。如果你真的拥有 365 天的混乱，请重新再读一遍我梳理的能效管理方式。

以上的假设是基于你还没找到伴侣、没有组建家庭的情况。如果你已经找到伴侣和建立家庭，那么依然可以重复以上三层，并重新通过新的能效管理清单和你的伴侣沟通第二层。你可以通过讲解每一个事项获得一次质量极高的深谈，你会再获得一次懂得和信任。然后在第三层，通过描述你对不确定性的热爱，让你们的交谈就像两个少年在交谈一样。

最后，问题来了，如果你有了孩子，怎么平衡？在创业的字典里没有平衡。

只有极致。

平衡你就输了。再回顾你的优先级清单，你发现所有的事项是自己按逻辑选择的结果，但竟然呈现出了一种平衡。外人看来的平衡，是一种呈现的结果，但在选择的时候，你选择的从来都是一种极致，一切都指向一个目标——胜利。

创业会让你全身心投入，让你体验一种新的生活方式，这里面的一切都是创业。创业是一种极少数极致者的游戏，要“全押”，要玩到淋漓，没有平衡。你是船长，出海之后，要么找到岛屿，要么葬身大海，活着，找方向，让你的船员有力气，尽量感受快乐。如果你有家，你的家要么留在岸上，要么也在船上。事实证明，在岸上的，只担心你的风暴，无法理解你的激情，慢慢不懂你的方向，再慢慢看不见你的身影，最终大部分关系都破裂了。所以为了孩子，为了家庭，终究也为了你自己，你更要到达岛屿，你要打胜仗，成为那个英雄。

如果说创业者有所谓平衡家庭和工作的秘诀，那么心流时间的优先级排序就是秘诀。

将你清单里大量的心流专注时间留给孩子，前提是你的清单里要有这个心流时间段。也就是说，你重新整理优先级的能力越强，就越能将心流时间放入日程并且保证执行，就越能保障你的家庭和睦和亲子时间的充足，而心流目标会让结果质量更高。持续的优先级就会呈现一种平衡。

*互动引导和填写

你要将创业初心翻译为商业语言，在你创造的产品或服务上凝结价值，熬过漫长煎熬的等待期，直到第一笔订单成交，收入入账，商业模式验证成立。

你心中必须非常清晰地知道以下几方面：战略定位、市场概况、服务及产品、营销推广、竞争优势、核心团队、运营现状及发展规划、融资金额及用途。下面，让我们一步一步完成3年创业计划吧！

填写你的商业计划书

一份完整的商业计划书，代表着你所创造的产品或服务，已经形成了理论上的自洽闭环。

最初建立时间

______年______月______日

1. 战略定位

你的公司做什么？不做什么？3年后会是什么样子？

请用简单的语言描述出。这部分是公司的愿景，必须有，将成为未来一切大小决策的判断准绳。

______

______

______

2. 市场分析

对所处赛道的行业进行未来 3 年的市场分析。

包括市场容量、增长速度、发展趋势、目标客群、需求痛点。

市场容量	
增长速度	
发展趋势	
目标客群	
需求痛点	

3. 服务及产品

你准备提供什么形态的产品或服务?产品或服务如何解决目标客群的需求痛点?产品或服务具有怎样的功能、特点、产品结构、知识产权等。

服务及产品要让你和团队兴奋起来，用户才可能感知到并爱上。

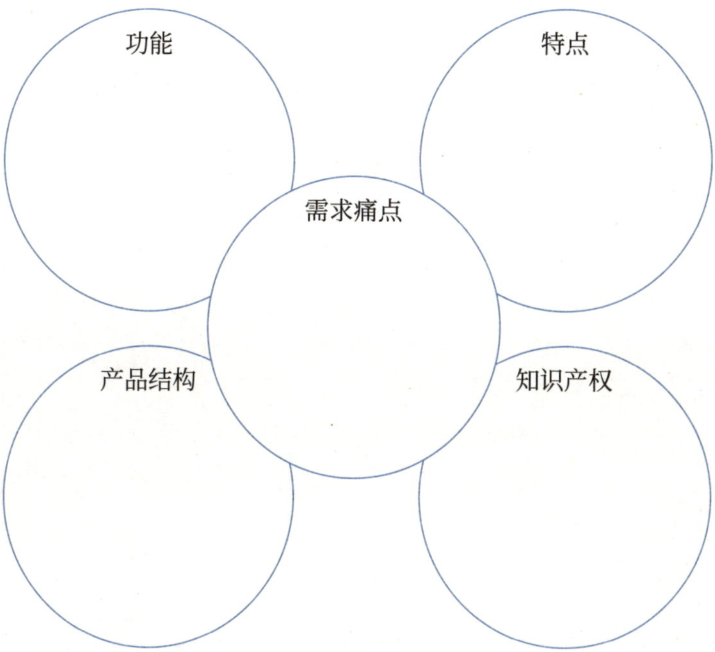

4. 商业模式

拥有什么核心资源?核心业务流程是什么?未来 1 年的盈利模式是什么? 3 年后的盈利模式是什么?

商业模式是产生现金流的逻辑假设。

核心资源:

核心业务流程:

盈利模式:

5. 竞争分析

高度关注同一个赛道的竞争对手，以表格形式列出细分行业内的对标竞争对手。

评估维度可以参考以下方面：技术壁垒、核心团队、用户数据、资源优势、运营策略、融资情况等。历史不争辩谁对了，只呈现谁留下了。

评估维度 \ 竞争对手			
技术壁垒			
核心团队			
用户数据			
资源优势			
运营策略			
融资情况			

6. 营销推广

你拥有哪些核心资源渠道?你打算采取哪些市场推广策略及竞争策略?

一个一个，得到你的用户和顾客，让他们爱上你的产品或服务。

核心资源渠道:

市场推广策略:	竞争策略:

7. 核心团队

简单介绍核心团队的从业背景及擅长领域。

好的团队是下场踢球，各怀绝技，指向一个胜利。

8. 运营

从第一天起，就要关注那些事关生死的关键数据。

比如，激活用户、注册用户、日活用户、日活率、留存率、日订单数、客单价、毛利率、销售收入。对这些指标的变化保持最高级别的警觉。

9. 财务

力保现金流为正，才有能力持续造血，有收入源源不断地为自己续命。

紧盯现金流表，量入为出，控制成本，至少提前 1 年做出最悲观的预测。

· 预测现金流

1月	2月	3月
4月	5月	6月
7月	8月	9月
10月	11月	12月

· 实际现金流

1月	2月	3月
4月	5月	6月
7月	8月	9月
10月	11月	12月

10. 发展规划

要对公司未来 3 至 5 年的发展规划有清晰的财务预测模型。

需要列出以下财务内容：损益表、资产负债表、现金流量表、资产构成、交易、融资计划。

11. 融资计划

两个重要内容，第一是本轮融资金额是多少；第二，本轮融资的用途，细化到具体项目。

融资可以让你发现这个世界有这么多标准，这么多看待价值的维度，有机会这么高密度地回答关于梦想和现实的诘问。

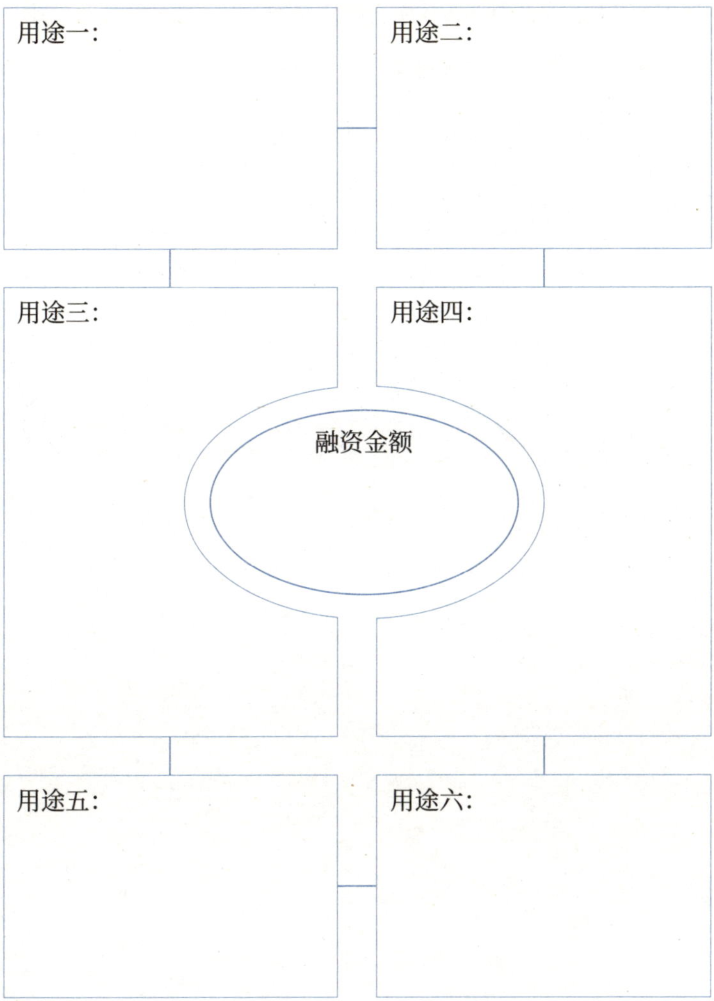

填写你的日常例行

创业是日复一日、积沙成塔的长期作战，是日拱一卒不断靠近终极愿景的过程。
需要长期坚持重复性的创业生活，至少 3 年为期。

优先级

以周为单位，分析判断本周事务的优先级。对分散创业方向、减缓创业速度的事情保持高度警觉。

学习

创业者应该永远是学生，虚怀若谷，正面拥抱新生事物，这是增加多维度、高质量扩展连接的关键。

01

02

03

04

05

06

07

08

09

10

体能

身体是你创业的第一工具，处于优先级的前列。无论你的时间表怎样，把锻炼时间填写进去，并保证作息和饮食。

6:00
7:00
8:00
9:00
10:00
11:00
12:00
13:00
14:00
15:00
16:00
17:00
18:00
19:00
20:00
21:00
22:00
23:00
24:00
01:00
02:00
03:00
04:00
05:00

家庭

为了避免人生终极意义的孤独，你最好为家庭留出时间。主动分享你是谁，你要去哪儿，你对不确定性的热爱，你的家庭会面对和经历什么。让你和伴侣的交谈就像两个少年。

心流时间

让自己进入高度专注的心流，通常是处理创业孤独的好办法。比如看电影、听音乐、阅读、写作。每周都要给自己留出心流时间。

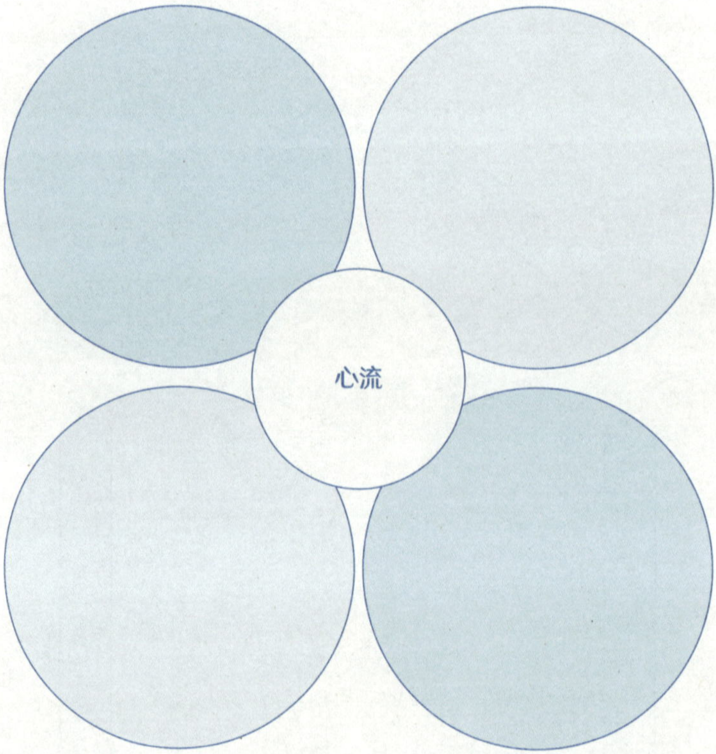

长板

一个企业的长板是基因层面的优势，时刻保持优势、扩大优势。

短板

短板是阿喀琉斯之踵，致命的弱点，竞品攻击的要害。

今日待办

你必须具备并展现出技巧、能力、号召力、方法，把执行层面的事情做完。

日志

每一个惊艳的创想通常都有一段发酵期，日志区可以用来随手记录产生的任何想法。

填写商业画布

创业的本质是不断验证商业假设，并获得足够多的验证成立的假设。

在节点时间，回顾假设，比对结果，检视机会与风险，并持续更新你的商业画布。

客户细分

你的目标用户群，是一个或多个集合。

价值主张

客户需要的产品或服务，
商业上的痛点。

渠道通路

你和客户如何产生联系，不管是
你找到他们，还是他们找到你。

客户关系

客户接触到你的产品后，你们之间应建立怎样的关系，一锤子买卖或长期合作。

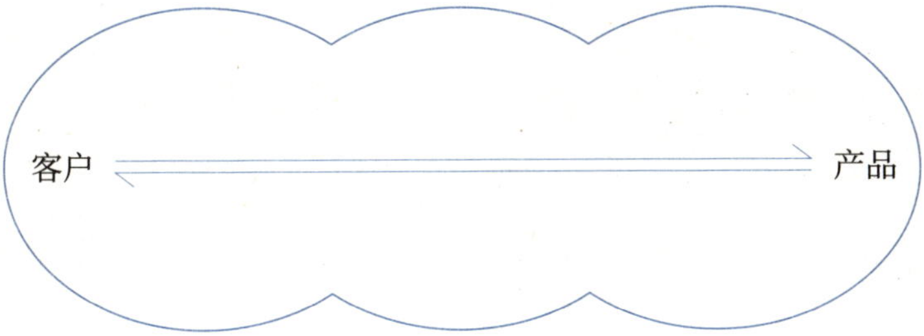

收入来源

你将怎样从你提供的价值中取得收益。

核心资源

为了提供并销售这些价值，你必须拥有的资源。

关键业务

商业运作中，必须要从事的具体业务。

成本结构

你需要在哪些项目上付出成本。

重要伙伴

哪些人或机构可以给予战略支持。

我的失败与伟大

我是一个创业者，一个写作者。创业和写作都与复盘有关。我出版过几本书，这些书都是现实主义作品，既是写故事，也是写案例。写作其实是创业的副产品，是复盘的过程，我用文字重现经历过的情景，找到那些决定性的瞬间、戏剧性的转折、决定人物命运的特质。尤其当这些人物是自己的时候，可以重新推演过去的人生。

在写作当中，我会有恍然大悟的时刻。相较于企业中流行的冰冷的复盘方式，我更倾向于我自己积累的复盘经验。所以我有一些自己的方法和工具，希望能给你一些启发。

想要的好玩人生

如果你是一个创业者，或者在企业中负责具体的项目，肯定对“复盘”是不陌生的。我们应该都听过联想集团董事长兼 CEO 杨元庆的复盘理论，其中有几个科学的步骤都是在企业的每个阶段中经过验证的。我也都研究过，尝试过。我的感觉是，如果你是一个企业的中层项目经理或者创业公司的 CEO，用这种方法带领团队复盘是可行的。但是对于个人的成长，尤其是当你想要生活质感的时候，这种方法是比较难坚持和沿用的，因为不好玩儿、太枯燥。你会觉得，生活不应该也不必是这个样子，与其过这样“干巴巴”的人生，不如不过。

生活的体验和好玩儿，应该是第一位的，但是在现实生活中这样的机会不多。我喜欢看小说和电影，尤其对人生的体验有着一点儿理想主义追求。我在看小说和看电影的时候，会被深深代入荡气回肠的故事里。结果呢，这种感觉最后总会结束，当电影黑幕出现后猛然有一种回到现实的感觉。我会发现今天还有现实层面的事要做：减肥、学英文、处理公司的任务、考试……

我们现在讨论的复盘，也是这样。在过去的 1 年里，无论你经历过什么，有多糟心的事情，都不要绕开。

在讲复盘之前，我也在网上搜索了一下，看到了若干科学复盘的方法。不过这些方法实在是太没劲了。

我觉得我的人生，一直在和“没劲”做斗争。说实话，如果经历一万个没劲才能到达那一个有劲，那一个有劲我也不想要了。

2017 年的年度网络关键词有“丧”和“佛系”。这是媒体人造出的流行词汇、标签。在潜意识下的从众心理让大家急忙也往自己身上贴标签。可是，就算有时代特征，也是多数人的特征，不一定和你有关系。最可怕的就是想要要不到，就假装不想要了，就是佛系了。

就像小时候那种显得对上学特别不在乎的学霸，表面的佛系其实就是烟幕弹。表面什么也不在意，说不定人家心里很在意。像天鹅一样，湖面上若无其事，脚底下拼命划水，非常隐蔽。人家是伪佛系，你是真佛系，你就上当了。当交手的时候，什么都没你的了。

你是年轻人，年轻的激素水平没法佛系，因为这正是生命力最旺盛、最有斗志的时候，身体条件根本不给你佛系的源头。等到老年，当各种激素水平低下的时候，你还有几十年可以体会佛系。少年就得野蛮成长，鲜衣怒马才好玩儿。

可是现实生活就是这样，在大部分时间里，我们都要完成别人给我们的 KPI，也要给自己定 KPI。完成别人规定的 KPI 已经够闹心了，还要这么科学严谨地完成自己的 KPI，我也受不了。

面对这些 KPI，你会发现，人被分为两种。

第一种人，是已经进入了追求—得到的良性循环的人。在自己的生活中，对追求—得到的比例关系有了一定的掌握。这种人尝试过得到的感觉，已经习惯把自己的生活分成一个里程碑、一个里程碑地去抵达。追求和得到是最让人着迷的感觉。肾上腺素分泌，生理机能被唤醒，心跳加速，血压升高。这些东西帮助了人类的成长和进化。看似追求是为了结果，其实追求也是为了追求本身。

第二种人，人数可能会多一些，他们经常追求，很少得到，久而久之，忘了上瘾的感觉，就会灰心。我觉得这两种人有一个比较明显的差异，就是复盘的动作存在差异。

以下要展开讨论的是我主观的经验，是我对复盘的认知和复盘工具。我这个方法，对后一种人来说，有用也好玩儿，一旦用起来，停不下来，最终有利于你进入良性循环。

趁早效率手册中蕴含着我个人完整的方法论，或者说趁早的方法论。作为狂热的故事爱好者，在我的设计初衷里，这是我的人生剧本，是我的自传体小说。

现在，如果你手边有 2017 年的趁早效率手册，就请翻到它的前言页。这是目前我最喜欢的一篇手册前言，几乎是我整个人生观的缩影，是整个复盘方法论的基础。

那就是，人生要体验，体验要淋漓，所以人生最好像一部电影。这部电影有主人公，主人公要有开场人设、要有故事。在每一场、每一幕中，有情节和剧本设计，有对白，有行动。

三个认知练习

如果你认同我的人生观，欣然期待自己的人生如同一部好电影，和我一样想要一个好故事，我们就要完成三个认知练习，这样就可以很自然地按照背后的复盘方法论来操作。

第一个认知练习是：你要是一部好电影

你每天的生活，就是电影。这不是比喻。如果有一台悬浮摄像机帮你剪辑出关键场次，配上一些独白和背景音乐，这就是电影。

你需要练习跳出电影，置身事外。练习用一个旁观或俯瞰的视角注视它，想象你坐在电影院观看自己的一切。要抽离、客观，甚至刻薄，要能描述这个主人公的人设。

比如我自己的电影。如果是创业主题，开篇可以这样描述：

> 无论作为一个创业者，还是一个“网红”，这个女人都有些太老了。

这是一个特别好的开篇画外音。当然，在剧本的人物设定里，除了年龄，还有其他确切的因素。

这个认知练习是复盘的重要能力。只有跳出来看，才能给出初始定位。

第二个认知练习是：在好电影里，主人公是有奔头儿的

要明确的是，我们的电影是剧情片。主人公要完成任务、解决

问题、遇到冲突、奔着一个目标而去。主人公的开篇有计划，中间有行动。就算你再爱看欧洲文艺片，在人生这个电影里，你还是想要一个“好莱坞式”的大圆满结局。一个电影的推进是按照主人公的行为展开的。没有行为，你的电影什么都不是。

因此，你必须追问自己：

- 主人公是谁？
- 主人公要去哪儿？
- 主人公要怎么去？
- 主人公要用多快的速度到达？

第三个认知练习是：编剧有两个人，分别是命运和你，你得追剧

这部电影里其实有两个编剧，你和命运。我也不知道命运是什么、命运写了什么，但我知道的是，我们俩一起写作。它经常出其不意，尤其是在特别糟糕的时候，我作为主人公往往觉得很惨、很糟心。

但有时候，我对这个编剧伙伴是佩服的，会说“这也行”，电视剧都不敢这么写，生活的荒诞程度超过电视剧。我能改变我参与的那部分，然后我作为演员又参与其中。

当你这么想的时候，这其实就成了一件特别有意思的事情。这和美国电视剧差不多啊，边写边演。编剧根据之前的结果，主导着剧情的推进。主人公所经历的事情有无限种可能，这样多好玩儿。

以上的三个认知，说到了复盘在这一系列动作里的真谛：计划—行动—复盘。

• 计划就是初始剧本。

• 行动，就是剧本的执行，你得演戏，一场又一场、一幕又一幕，把事做了、把人见了。

• 复盘是为了改剧本，是为了推进剧情。

在生活中，我自己的复盘，就是用以上这种人生观带来的方法论来进行的。一边写剧本、一边演戏、一边看戏，我觉得特别好玩儿。

如果你像我一样，讨厌联想复盘“四步法”的科学严谨，可以用这种方法。这种方法可以叫作“戏精本人法”或者“内心戏表演艺术家法”。当你在填写计划、执行行动、观看结果的时候，就会兴致勃勃的，而且你也很想往下追自己的剧，看自己的命运搭档会怎么书写。

总结一下，这个复盘的方法论是上一场戏的总结。即总结出各种走向和因素，编入下一场，改变主人公的行进方向和行动。

所以复盘是什么？

复盘是矫正行动和计划之间的关系，是行动后的深刻反思。它的逻辑应该是：计划—行动—复盘，再计划—再行动—再复盘。

所以，在继续讨论之前，我们要达成的共识是：复盘是前一个目的明确的项目完成后的动作，也是为了将复盘后的结论转化成下一次的行动。如果不转化，现在所谓的复盘就是浪费时间。此时此刻，你看我写这些也是浪费时间。

我再换一个角度说明什么是复盘。这两个字源于下棋，尤其是围棋。围棋中有很多术语，后来都被运用到军事领域，军事术语又被运用到现代商业领域，比如“对弈”。

关于复盘，首先要有意识。有的人生来就是好棋手，生来就着迷于凝神、沉思、谋算、举棋、落棋，以对弈为乐。每一手和每一局，虽然有输有赢，他们都兴致盎然地常下常新。对这样的人来说，他们也以复盘为乐，复盘就是人生的一部分。

可惜咱们大多数人都不是好棋手，咱们通常避免频繁对弈，更避免棋逢对手。费脑子本来就是煎熬，一旦输了就更痛苦，一切费脑子还可能会输的事对人来说简直是双重痛苦。棋局从来都是军事的模拟，也是商业最好的比喻，棋局、军事、商业都是极其看重复盘的。

复盘的前提是，你要认知此前的种种、1 年中的来来往往，不是轻飘飘的小生活，而是动作片、战争片、商战片，充斥着敌进我退。这是场对弈、是个比赛、是场战争，否则不必用也不配用复盘这个术语，波澜不惊的那些生活，顶多用盘点和总结就够了。复盘不是盘点流水账。如果是这样，你的电影就是一盘散沙。

复盘是在打完一场仗之后开展的，为的是打赢下一场，不是为了提前上阵。如若是为了后者，大可不必动辄提到复盘。人生就是一盘又一盘的棋，每一手怎么下，每一局和谁下，都要你思考。下着下着，你就有了排名和江湖地位。这些是复盘这个词的真谛，这么酷的词，不应该软绵绵地用。

请大家阅读本书附录 2017 年趁早效率手册的前言，因为你想要的是一部精彩的电影，而不是平庸的、没有冲突的、故事中的一切都不能向前发展的。剧情要自我迭代，主人公要持续展开行动，矛盾冲突要升级，要解决更大的问题、享受更大的荣光。温和的行动不太可能带来精彩人生。

复盘清单

我认为，如若不能在价值观上达成共识，分享工具也是苍白的。找到自己的工具非常重要，因为寻找和使用工具的过程就是建立自我系统的过程。要帮助自己总结规律，化繁为简，发现既有思路的盲点和误区，发现新的办法和突破。

在没劲的公司管理复盘中，会有概念界定、问题提出、原因分析、方案制订、计划实施和结果评估等。我使用的是个人简化版本，以下是我的具体操作。

首先，我的复盘一定是针对每一个里程碑目标的复盘。每一次就针对一个里程碑。

复盘的本质是重复交战和比赛。这关乎你本来想和谁交手，你实力如何，他实力如何，你曾如何出招，他曾如何拆招，你在过程里用了何种战术、是否奏效，这一系列交手导致最后谁赢、为什么赢，谁输、为什么输等问题。

复盘需要选择你生活和事业中最核心的项目进行专项操作，是一件非常明确的事。在一个时间维度和一个战略目标内，你需要备战过、行军过、交手过，最后见了输赢。而且，你最好有具体的对手。

再次重申，复盘不是盘点，不是你根据一个糟糕的电影剧本乱演一气，然后去数猫在电影中出现了几次，而是一定要有分析，有一个具体的项目，有一场特定的戏。

第一步，回顾目标

现在请你找到一个里程碑，拿出纸笔，写下里程碑的名字。你到底要给什么事情复盘?

记住，这件事要非常具体，而且，必须是你曾经计划过的，包括你的起点状态、你的目标、你的行为、你的周期。请确保这些因素在计划设立初期都存在过，如果不存在，你需要重新制订计划，重写剧本。

第二步，评估结果

你的目标一定有一个或更多可以量化的数字指标，只有如此，才可以检视目标达成情况和行为实施情况。

请你写下实际终点状态、目标达成情况和行为实施情况，并和原始指标做对比，明晰计划和现实两者之间的差距。

第三步，分析原因

这是最重要的一环。为什么目标没有达成？你需要在每个差距下面，做“鱼骨式”追问。鱼骨图是用于工商管理的重要工具，用来寻找和洞察事情发生的本质原因。

具体步骤如下。

1. 罗列所有原因。

2. 分类。一般原因可分为材料、人员、环境、方法、设备等。

3. 在每一个分类下继续追问，直到无法继续追问为止。

4. 评估。将所有原因分为三类：

• C（Controllable）：知道解决方案在可控制范围内。

• X（Experimental）：不知道解决方案，需要进一步探索、咨询。

• N（Noise）：命运操控的部分，超出可控制的范围。

第四步，总结经验

对于每一层问题的追问，你必须填写解决方案。你如果在这一层不能给出答案，再填一层追问，直到全部能回答。请你将所有解决方案都重点标记、合并同类项，形成一份行动清单，纳入下一次的执行当中。

对于“我怎么去”的答案，必须是经过比对、追问和给出解决方案的新行为。任何不以改变行为为目的的复盘都是“耍流氓”。新行为必须被执行，否则一切所谓的复盘都徒劳无功。

整个复盘的方法论，就是“计划→行为→结果→比对→追问→解决方案→再计划”的无限循环。你一直往下追问就会发现，复盘是这么酷的事情，是个自我梳理的好机会，越复盘，越能找到答案。

在趁早的价值观体系中，我们推荐的复盘维度是：灵魂、肉体、金钱。在这些维度下，我们将一个一个拆开复盘，一项一项进行改良。

哪有不经过彩排和推敲的好戏呢？偶然的精彩是运气，经常性的精彩一定是“运维”的结果。电影如是，人生也如是。

我最怕所有的问题最后就归于一个字——懒。就是连“戏精”和内心戏表演艺术家都懒得当，对自己的电影是否好玩儿、是否精彩都不感兴趣。

如果说联想式复盘是企业的一种管理方式，那么其管理的是商业结果。我这种复盘可以叫个人电影制片人管理，管理的是个人的人生质量和体验。说白了就是看回放、改剧本、调整人设。对于命运编剧给出的那个新剧情，你这个编剧给出新行为，作为演员亲自上阵表演。

复盘首先肯定是要一个人做，之后你也可以邀请别人一起推演。就好比你去问别的编剧："要是你，你接下来怎么写？"一千个编剧心中有一千个哈姆雷特，你会得到一些参考结果，并拓展思路。

复盘的核心功能是为自己建立一个系统。让自己做事依靠系统，而不是单纯依靠感觉。系统能帮助你分散精力和关注点，能区别现象和本质。

关于复盘，还有一个关键环节。如果你在鱼骨式追问中发现某个问题重复出现，就要给自己建立问题日志。

就像我们在上学时候，哪儿错得多，哪儿就多验算。错误日志对照得多了，你就会形成行为的条件反射，这种条件反射就是一种行为的内化，你会慢慢进入高手的境界。

保持好奇心，保持将事情弄明白的兴趣。每日，每月，每年，以求寸进。

坚信自己的人生是一场好戏，永远期待下一场好戏。

*互动引导和填写

下一次看电影可以试试，电影落幕后不要急着离场，去观察一下滚动而上的创作团队的字幕。一部电影体量的创作之旅，背后所支撑的团队是怎样构成的，都有哪些部门，经过了哪些创作流程。

下一步，再想象一下这部电影的创作团队都是你，也只有你。那么这部电影你要如何去创作?带着这样的思想实验，我们来完成以下的内容填写。

你想拍一部什么样的电影？

可以先发散思维，然后再一点点收敛。

电影开场是怎样的？

你的灵感会来自你甚至没有察觉的地方。

电影故事的主线是什么？

你必须非常清楚你自己正在讲什么样的故事，你控制着一切，从讲述的故事到怎样的方式。

这部电影的主人公就是你，我们再次回顾一下这四个问题：

对主人公的描述越具体，主人公的形象就会越发明确。

主人公是谁?

主人公要去哪儿?

主人公要怎么去?

主人公要用多快的速度到达?

在这部电影中，命运已经写好的情节设定是什么？

属于命运自带的基本要素，并加诸主人公身上的设定。主人公多大?做什么的?住在哪里?童年是怎样度过的?家庭状况是怎样的?

在这部电影中，你作为编剧之一，希望创造哪些故事情节？

你会发现，令人信服的故事情节，需要以命运自带的基本要素为延展的起点。

复盘清单

现在你是编剧，通过对过去的你的分析，改写未来的你的行为。

1. 请写下复盘的里程碑

复盘一定是针对每一个里程碑目标的复盘。每一次就针对一个里程碑。

2. 请写下这个里程碑目标的量化指标

3. 请写下这个里程碑目标的实际终点状态，并和初始指标做对比

4. 请写下初始目标和终点目标的差距，并分析原因

做鱼骨式追问，寻找和洞察本质原因。

5. 将所有解决方案都重点标记、合并同类项，形成一份行动清单

新行为必须被执行，否则以上复盘都是徒劳无功。

里程碑：

量化指标：

实际终点状态：

鱼骨式追问:

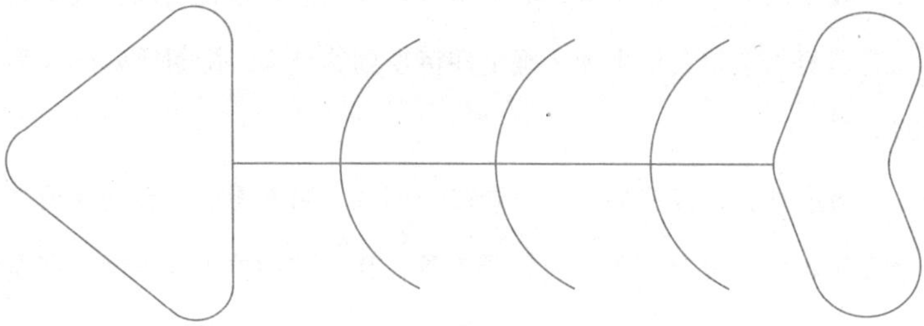

行动清单:

- ○
- ○
- ○
- ○
- ○
- ○
- ○
- ○
- ○

决杀职场的秘密

自从创业开始，公司每周一上午的周例会是雷打不动的。在很长一段时间里，我都是会议的负责人。负责人要掌控时间、决定会议的节奏、拟定会议事项、确定期待得到的结果、配置团队内人手的分工。

每逢开会，我就会进入记录检查模式。如果看到与会的成员在会议开始之后没有使用任何记录工具，我一定会停下来询问：您需要把咱们说的记下来吗？看到或敲打或书写的一行行文字，方才觉着说过的有了着落，不会飘散在风中。

日常我最喜欢开两种会，其一是每一个崭新项目的启动会，比如说这本书的再版。我们首先讨论出项目的里程碑落地时间，然后做倒推拆解工作，拉出一个时间轴，标出各个阶段性的验收节点。其二是创意头脑风暴会，在这类会议上，我的大脑和团队的大脑是同一个脑，带着不同的才能、知识和视角，持续讨论、争辩，越聊越嗨，越聊越有主意，神经元闪烁电火花间，一个个创意的雏形出现。

这两种会议每每都是意犹未尽。有一个共同点是，能触发对未来无所限制的想象。我们在会议上做出了假设，下一步，团队彼此支援合作，朝着一个共同的目标前进，去执行交付期待的一个结果。

非常重要的是，任何一场没有收拢总结的会议都是无效的。收拢的结果应该是一份清晰的行动清单，上面罗列看到就能立刻行动的、指向准确的动宾短语，以及最晚截止日期。对很多人来说，一项任务的截止日期就是很重要的生产力：我得把这件事儿办了。我们都得把行动清单上的事儿办成。

*互动引导和填写

可以通过观察一个公司日常开会的风格，来判断这个公司是否是高增长公司。高效会议的特点是，会议议程明确，对结论达成共识，会后能够干净利落不带疑问地迅速开展细节层面的执行。

会议前

确认会议主题、自己需要阐述的观点，以及所需的物料，对自己负责的事项心里有数。

会议主题：

我的观点：

所需物料：

- ○
- ○
- ○
- ○
- ○
- ○

会议中

认真听取每个人对自己观点的反馈，以及其他人的观点，彼此交锋挑战。

会议后

对达成的阶段性结论总结出下一步的行动清单。

通往每一个愿望

恋爱的我

相爱只是一切问题的开始。

像我这样的偏执狂，早在少女时代就开列过理想男友的标准了，7个标准至今倒背如流：爱干净、身材好、有趣、有胆量、刚柔并济、嗓音动听。这7个特质是我根据各种小说和影视作品外加自己的幻想归纳出来的，堪称准确凝练。

当然，与此相对应，我为自己的各方面也设立了目标，最开始主要是外表，其次是功课，那时候并不清楚才华和内涵对人的重要程度，但懂得“优秀”两个字。为了变得优秀，我做了大量努力，争了许多输赢。从父母那得来的惯性让我认为，优秀者得到一切，只要我优秀，别人就会喜欢我。

和学习一样，我还认为凡事都有规律、章法和清单，有这些之后就能操作。我觉得随着我长大成人，只要我学会了许多东西，我喜欢的人将随着未来一起到来，他具备清单上的7项特质，我们手拉手，我喜欢他，他也喜欢我。

后来，拿着这个清单，从17岁开始到28岁，我每隔3年都会结束一次恋爱。我总是先从人群中发现那个爱干净、身材匀称、声音好听的人，然后我们会吃很多顿饭、见很多次面，直到我在他的身上找不到真正的有趣、胆量或者刚柔并济，却发现了其他特征。到第3年，这些特征变得让我难以忍受。他觉得我自诩的优秀不过如此，我也不再留恋他爱干净、身材匀称、声音好听。

在爱情里，事先准备好的清单是没有用的。相爱只是一切问题的开始，没有一个恋爱会像我设定的那样发生，我们也都不会100%喜欢对方的每一个特性。如果你以严苛的方式来定义恋爱，恋爱就会以最渺茫的概率来回应你。

我没有气馁，在25岁到28岁的那段恋爱中，为了发掘他的有趣、胆量和刚柔并济，我又研制出另外一种清单，其内容类似于情侣每年要一起体验的100件事，把我和对方捆绑成了连体婴。我在清单里面写好了每年我和男朋友要看的10次电影、计划的两次旅行、爱吃的50家餐厅、一起的5次冒险……在计划进行到一半的时候，我的男朋友崩溃了，在离开我的时候，他说："谁的人生谁来计划，计划只用来要求自己行不行？"

28岁时，我又开始了恋爱，我决定不再浪费时间。被动等待总是让人感觉太久，等到让生活试炼出结果，为时已晚。为了用最快的速度认识彼此，我列举了新的问题清单，囊括一个人的一切，关于彼此的爱恨、"三观"、理想、焦虑、秘密和习惯。

我们真诚坦率地彼此发问，同时也真诚坦率地展示自己的答案。这些问题是探索的起点，让我们在漫长未来开始时，站在了彼此面前。这些问题让我们明晰、清醒，于是从我28岁开始的恋爱，一直延续到今天。

这些年中，我突然明白了一个秘诀，可以让人在恋爱中获得自我。每次当你喜欢上一个人的时候，你要问自己，你究竟喜欢他什么？你要列举出自己喜欢他的特质，然后告诉自己：这些就是你本人真正想要的东西。此刻在他身上拥有，而未来也要让自己拥有。

那7个特质，是当年的我希望自己拥有的，我想成为一个爱干净、身材好、有趣、有胆量、刚柔并济、嗓音动听的人，今天也是一样。

至于情侣每年要一起体验100件事的计划，也不需要丢弃，这是一个很棒的计划，但如果你真心想做这100件事，并不需要拉上别人才能完成。你要反问自己："谁的人生谁来计划，计划只用来要求自己行不行？"你的计划，你自己执行。

当然，你也可以把这100件事展示给你的男朋友，然后等他委屈地说："怎么里面一个都没有提到我？"然后你手一挥，随意点到里面的某件事说："那就这件吧，我邀请你一起执行。"

*互动引导和填写

有多少了解才能让人们相爱?

延展情侣每年要一起体验100件事的思路，我们在恋爱手册中，提出了297个问题，297次了解。

这些问题被分为了十个章节。包括热身、自我暴露、我的“三观”、我的最爱、原生家庭、遇见你之前、我所知道的你、关于我们、性、从此以后。涵盖了一段亲密关系的重要阶段。

以下问题清单节选自恋爱手册。

热身

确认要开始拉近彼此的关系了。

对方的生日?

对方的星座?

你们准备好接受接下来的问题要为你们揭示的真相了吗?

♡ 是的　　♡ 不，还没有

你的第一份工资用来做了什么？

谁或者什么在你的生命中产生了重大的影响？

你觉得一名男性 / 女性，最吸引人的一种特质应该是？

你觉得待着最舒服的地方是？

限制你行为和想法的最大因素是？

你小时候希望长大后成为怎样的人？

我们终将失去生命，你更倾向于以怎样的方式离开这个世界？

关于你自己，有没有哪件事一直困扰你，但你已经学会了面对？

神灯许你一个愿望，可以拥有一项超能力，你希望是？

你经历过最愚蠢的争论是？

你最喜欢被人叫哪个名字？

你最喜欢花费时间的方式是？

你最爱的度假地？

你最不喜欢的国家？

当你心存内疚的时候，你会做什么事情来摆脱？

在家里你和谁的关系更亲近？

你和父母聊天的频率如何？

你父母的婚姻对你产生了非正常影响吗？

当和父母在生活琐事中发生争执时，你一般如何处理？

回想一下与父母朝夕相处的日子，你觉得从母亲 / 父亲身上继承了哪些性格因素、习惯或特质？

你是否同意，在一段关系中，存在不同的阶段，有时候爱更多，有时候爱少一些？

♡ 是的　♡ 不是的

你与前任相处中犯过的哪个“错误”，你觉得自己再也不会再犯了？

你是否还和任何一个ex保持联系？

♡ 是的　♡ 不，没有了

当对方谈论 ex 的时候，你的感受是？

你在之前任何一段关系中，有过欺骗或者不忠吗？

♡ 是的，有过　♡ 不，从没有过

你觉得对方除外貌之外，哪一点
最吸引你？

对方的哪个身体特征你发现最有魅力？

你是否赞同对方的职业选择？

你认为你的另一半最大的成就是什么？

你一天之间有多少时间是在想念这个人的？

当你们第一次遇到，你在对方身上最先注意到的一点是?

你的另一半在怎样的情况下才会说“我爱你”？

在推进当下的恋爱关系时，你所做过最主动的一件事是:

你最愉快的一次约会经历:

关于谈恋爱，你喜欢的三件事:

在两性关系中，你更倾向于？

你更喜欢睡在床的哪一侧？

回忆一下，你第一次看限制级影片是在怎样的情况下？

用一句话形容一下，对方的性吸引力？

如果你的另一半正在逐渐减弱性欲望，你会怎么想？

你对你们俩未来的相处最有信心的一点是？

你对对方的未来最有信心的一点是？

另一半的哪一点让你从不能接受到很好地接受？

你希望你的另一半在 5 年内，专业 / 事业上达成怎样的成就？

一句话形容一下，10 年之后，你如何看待你的另一半？

婚礼上的大导演

如果你爱上了一个人，准备和他许下共度此生的誓言，那么无论你是否擅长规划、计算和运筹，这件事你都应该做——从头至尾地策划、推进和掌控你自己的婚礼。

在我经营活动策划公司的时候，婚礼从来都是最难完成的项目，包括我自己的婚礼在内。按说，婚礼只是活动策划和执行的一种，但婚礼的特殊性在于，许多新娘因为婚礼的复杂程度放弃了参与策划，却又对婚礼充满了期望。新娘当然对婚礼充满了期望，这简直是人生的终极期望时刻啊。

所有的商业活动按照构思流程进行，不出差错就算成功，唯独婚礼例外。在商业活动上，现场来宾是主角，无论来宾是媒体还是客户，只要他们有不同程度的惊喜和尽兴，目的就达成了；而婚礼上只有一个终极客户和体验者，这个人叫作新娘。新娘对婚礼的定义通常是“完美的”，但绝大多数婚礼结束之后，新娘的体验都是“这不是我想要的”。

那么问题出在哪儿呢？

首先，我们在少女时代对婚礼中新娘的想象多数都错了。

婚礼的形式总是太唯美，每一个人都像是在出演言情电影的大结局，前景是鲜花蕾丝，中景是欢笑的人群，近景中有交换戒指的双手，特写里泪盈于睫。于是我们深深相信，我们将是那影片中唯一的新娘、风华绝代的女主角。

在大结局里，女主角能做的事好像很有限，第一件事当然是保持美丽，展现轻轻颔首和盈盈笑语。当现场司仪喊出“开始”的时候，女主角负责身披白纱，美丽圣洁地徐徐走出，务必完美地演出这一亮相桥段。之后经由司仪引导，女主角需按事先写好的剧本演出全套剧情，对白真情流露，对手戏顺畅自然，通常将手捧花向后优美抛出便算大功告成，后面再点缀些许配角或群众演员的合影花絮。是的，婚礼是一个重要的仪式，对于我们有记载的意义，像是一部人生大电影，是少女幻想中的大结局。

那么，我们的想象错在哪里呢？

在我策划执行过自己的婚礼、承办过若干个婚礼、参加过数十次婚礼之后，我终于明白，我们是女主角没错，然而早在女主角出场之前，这美丽的草地，这餐桌上的器皿与鲜花以及当天出现的一切，并非天然存在，都要落回现实，事无巨细地计入成本、物流与周期，悉心计算、挑选和打理。婚礼的筹备过程就好像谱写一场盛大的交响乐，每一个准备阶段都好像其中的每个乐章，都是为了在婚礼当天奏响人生中最动人的那一段进行曲。

想要筹备好这样一场盛大仪式，在新娘戴上白纱之前，你先要面对的将是百次以上的选择：时间、地点、来宾、主题、风格、流程、节奏、音乐…… 千头万绪，林林总总，敲定一个还有另一个。这时候你也许会想要逃脱，觉得你当天出现就好，觉得有人帮忙完成也不错。

但婚礼这件事在我们的人生中实在太稀少了，毕竟不是过生日，如果你只想等待别人给你惊喜，一旦惊喜落空，你便没有了机会，当你说出“这不是我想要的”，回忆里只能剩下失望。

婚礼既然存在，就不是一个草率的仪式。商业活动里，谁主办、谁协办、谁承办、谁在主桌、谁在 VIP(贵宾) 室，这些都要考虑主人和客人，是商业活动的本质。同样，在婚礼这样一个仪式上，所有来宾是来见证一个新的女主人的诞生，而这个女主人将决定这个新家庭的面貌，这大概是婚礼的本质。

作为新娘——一个未来家庭的新晋女主人，你必须选择是在婚礼现场惘然无知、任人摆布，还是运筹帷幄、胸有成竹。如果你珍视自己人生的重要时刻，则需要做到亲手谱写婚礼这场“交响乐”上精良的每一分钟，你要有海顿的运筹帷幄，也要有贝多芬的严谨丰富。也许你觉得婚礼只是暂时性的复杂，克服一下就好，但不是的，生活本身就是一次又一次选择叠加的结果。你先把握了婚礼，才能把握更多的未来。

作为新娘，你将在众人面前展示你选择的一切——你的判断，你的品质，你的方向，甚至你的亲友与阵营。婚礼无论有多浪漫，都开启了现实生活的大门，在真正的岁月到来之前，婚礼负责带领众人来检验你。

婚礼是一场只演奏一次的音乐会。在这样一场音乐会开演之前，没有当天的盛况与众星捧月，有的只是你自己。你是作曲家、总指挥、首席演奏家……你还要选择在乐团里会出现的所有乐师。是的，你就是整个婚礼交响乐的统筹，在那天来临前和来临时，你负责导演一切。如果从这时起，人生需要你做一个大导演，你就应当鼓起勇气去当一个大导演，因为婚礼就是对未来岁月的预习。

当我和我的团队已不再从事活动策划与执行这个行业，我们依然事无巨细地按时间线逻辑整理了当年所有婚礼相关的细节，其中包括初步预算、拟定来宾名单、挑选婚礼酒店和婚庆公司、挑选婚纱和礼服、拍婚纱照、购买婚戒及信物、塑身、计划蜜月等，无论你是否擅长规划、计算和运筹，都可以遵循里面的指引，对每一个步骤做出选择，这些选择是一切决定的开始。

当一个婚礼的大导演吧。规划婚礼流程，就像梳理自己的成长经历；合理计算成本，就像未来每天会做的那样；选择在你视野里出现的每样物品，确保它们在未来的回忆里闪光。最重要的是，当来宾就座、音乐响起时，你可以深吸一口气，缓缓起身，牵起裙裾，扬起你美丽的脸，笃定地走出门去，而你会终生记得这感觉——你邀请的众人，在一个你选择的时间点，穿着你规定的着装，悉数坐在你选好的场地里，等待你的出现。

这是一个女主人的意志，这样的时刻在一生中不会有太多次。

*互动引导和填写

无论你是否擅长规划、计算和运筹，当你确切地填写完以下内容，你都拥有了从头至尾地策划、推进和掌控你自己婚礼的能力。

你得在乎这场仪式，在乎这些动人的令人心碎的瞬间。这场仪式带领我们，穿过重要的生命节点，象征着旧身份的分离，和新身份的获得。不然太多的事情，发生时毫无预兆，结束时无迹可寻。

真的，如果你想心生欢喜，踌躇满志，你得在乎仪式，在乎那些动人的令人心碎的瞬间。

这些仪式，就是这一刻与下一幕的分水岭。这之后，新的变化在仪式的主体人身上慢慢萌芽，拔节成长。经年累月，时间之河流淌而来，又流淌而去。

模块一

1.确定婚礼举办城市、场地

城市	场地
○ ○ ○	○ ○ ○

2.确定婚期（良辰吉日）

3.确定伴郎、伴娘的人选

4.做预算

项目	预计支出	实际支出

项目	预计支出	实际支出

模块二

1.选择婚纱/婚服，拍摄婚纱照

拍摄风格

拍摄地点

拍摄前准备

- ○
- ○
- ○
- ○
- ○
- ○

2.准备婚礼用品并采购

物品	采购完成	备注
	○	
	○	
	○	
	○	
	○	
	○	
	○	
	○	
	○	
	○	
	○	
	○	
	○	
	○	
	○	
	○	

3.拟定来宾名单并安排现场座位

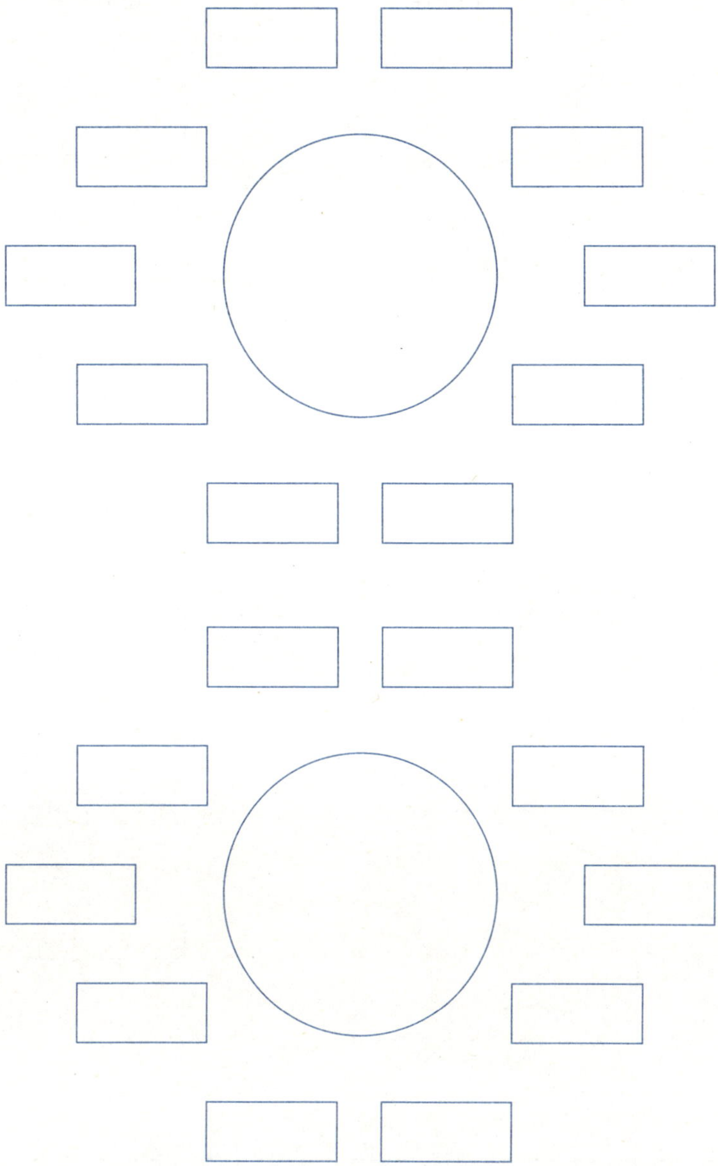

4.准备请柬并发出通知

请柬内容	邀请名单

模块三

1.塑身计划

2.蜜月计划

出发地	目的地	出发时间
行程安排		返程时间

3.准备誓词

模块四

1.现场流程表

时间	环节	负责人	备注

2.现场分工表

岗位	姓名	联系方式	职责

3.现场物料清单

物品	完成	备注
	○	
	○	
	○	
	○	
	○	
	○	
	○	
	○	
	○	
	○	
	○	
	○	
	○	
	○	
	○	
	○	
	○	

4.人情簿

姓名	礼金	姓名	礼金

5.相片位

共同成长

我是一个写作者，是一个创业者，也是一个妈妈，有一个女儿。

可以说，在女儿诞生之前，孕育她的时候起，我就发现一切事情的难度全都突然间加大了。

之前单身时期或者是两个人的家庭中，已经形成固定模式，或者说良好模式的办法，生活习惯，分工，全都不管用了。你会发现，针对有孩子这件事，夫妻间原来有这么多事情竟然是没讨论过的，竟然有方方面面需要去选择和做决定，你还会发现，所谓家庭，真的像之前大家老生常谈的那样，根本不是两个人的事情，突然间都扩大到了两大家子人，本来交流都有限的人，突然就要一起生活了。这甚至还不算，孩子出生了，在你的家中，很可能月嫂或者保姆也出现了，本来就不是很外向的人，又要被迫和这些陌生人日夜相处，然而过程里，你、你的老公、你的父母、老公的父母，你的月嫂和保姆，分别秉持着不同的育儿意见。

这时候闹心的你再一照镜子，发现你之前的腰身、肚皮和胸部的形状和颜色，你皮肤的质感，你的黑眼圈和眼袋，你的发量全都一夜之间发生了可怕的变化，基本上，如果这时候你的老公但凡评价了一点儿你的外表，就是引发育儿后第一波崩溃的最后一根稻草！

如果你还有份职业，还有职业理想，但凡你看手机看新闻朋友圈，就会发现在你闭门生孩子坐月子的时候，世界依然在滚滚向前，你的同事同学当然包括对手，那些你喜欢或者不喜欢，喜欢你或者不喜欢你的人，都还在每天斗志昂扬热气腾腾地努力着！当你在夜以继日地喂奶，睡眼惺忪的间歇里，当孩子哭闹完终于睡着，你照完镜子发现胸部和肚子还是那样，老公翻了个身呼呼又睡了，想起白天保姆和长辈关于孩子怎么样的争执还没有解决，你真的开始会在午夜梦回怀疑人生。你会问自己每一个生育后的妈妈都会问自己的问题：我图什么？这个日子什么时候是个头儿？到底那些个看上去游刃有余搞定孩子，工作、身材、家庭、事业样样都行的妈妈是真的假的？她们是怎么做到的？

如今时代的好妈妈的定义，和过往的时代有着显著的差别，好妈妈绝不是对自我的放弃和全部时间精力的无条件奉献。好妈妈应该首先是个精力充沛的妈妈，知道如何去自我引导和调节的妈妈；好妈妈还应该是个信念和知识做好基本准备的妈妈，然后掌握方法去和孩子一起学习成长；好妈妈更应该是个有能力协调家庭和外部资源，意识到育儿是个团队协同工作，并能够有效主导协同的妈妈。所以你看，现在的好妈妈，需要培养自己成为一个全能妈妈！需要不停地学习和蓄积帮助孩子成长的全部能力。

这个时代的年轻妈妈和以往任何时代的妈妈相比，都更注重自己的成长，也更爱自己，因此，每个妈妈都同时有两个渴望和两个恐惧——渴望自己的继续美好，也渴望孩子的健康成长，与此同时恐惧自己成长的停滞，也恐惧自己不能胜任成为孩子的好妈妈。

我希望自己可以在生育之后，不放弃成为一个越来越有能力、越来越智慧，也越来越美丽的人，我希望自己能够成为孩子的榜样，有能力保护她，有办法引导她获得积极饱满的人生。

作为妈妈，对自己的成长和期待才刚刚开始，从现在起，我们要鼓励和培养两个人，我们的孩子和我们自己。而我们自己这部分鼓励和培养得越好，我们孩子那部分就越自然越轻松，家庭也就越协调。

这种成长一定需要时间，而这个时间可以和孩子的成长同步同期进行。在进行中，你一定会惊喜地发现，生育孩子和妈妈的自我真的不是矛盾的，你会因为孩子而练成很多新本领，主动思考很多从来没想过的人生重大问题，你会因为孩子变成一个细腻而又深刻的人，一个冷静而又温柔的人，一个全能的人。

*互动引导和填写

如果你准备开启接下来内容的填写，恭喜你，你的人生即将迎来一个重要的、新鲜的变化。

宝宝的预产期：

宝宝的性别：

宝宝的名字：

身高（cm）：

孕前体重（kg）：

孕期BMI：

理想增重区间（kg）：

孕期推荐书单

转换成另一个新人生角色，会发现很多知识盲区，带着问题去阅读。

- ○《耶和迪博士妊娠分娩育儿全书》耶和迪·戈登博士
- ○《西尔斯怀孕百科》威廉·西尔斯
- ○《跟老婆一起怀孕》罗布·肯普
- ○《崔玉涛图解家庭育儿》崔玉涛
- ○《定本育儿百科》松田道雄

饮食和锻炼行动清单

孕期这个特殊的人生阶段，能体现理性和自律的最直接维度。

好习惯养成器

写本书的初衷是帮助每个读者成长，直到这一节，我意识到本书的意义会比我想象的更大。因为大部分读者也会像我一样，孕育自己的孩子。从生育那刻起，成长不再是你一个人的事情。

我的女儿问问出生于2012年12月。第一次当妈的人都一样，育儿的每一天、每一件事都可能是在试错。孩子只能成长一次，我们永远无法知道重新来过会有什么不一样的结果。如果我曾在某个时间换一种教育方式，她现在会有什么不同？但我知道，如果我现在换一种教育方式，她将来一定会不同。

所以我生下她后做的第一件事，就是把我自己作为参考样本，努力回忆我自己童年的喜怒哀乐及其产生的原因，回忆我童年的哪些事对今天的我产生了深远的影响。我至少可以先在问问身上做好这些事。[1]

第一个结论

我思考后的第一个惊人结论——在童年时期养成的习惯，给一个人的一生带来的影响是巨大的，甚至可以说是决定性的。

如果以时间为坐标横轴，每天的习惯好坏程度作为纵轴，对时

1　王潇，《三观易碎》
在2016年出版的《三观易碎》中，我在致女儿书中分享了自己的两个童年缺口：一是爱好没有得到施展，二是对权威的无条件屈服。

间轴进行积分，最终的面积结果就是一个人一生的成就总量，你会发现，人与人之间一点点习惯上的小差距，在岁月的作用下，造成的面积差距是如此巨大。

我特别认同教育界的一句话：

> 播种动机，可以改变行为；
>
> 播种行为，可以收获习惯；
>
> 播种习惯，可以培育人格；
>
> 播种人格，可以掌握命运。

所以我在育儿上的一个深刻认知是：我要帮助女儿问问播种终身受益的习惯。

在问问 5 岁的时候，我认为时机成熟了，为趁早月度计划表格设计了习惯跟踪表格，叫作“HABIT TRACKER”。这个表格颜色活泼、纸张大而厚，被贴在我家门上。表的左侧栏目写着问问每天要做的事，右侧对应日期，每天在做完的事项后打钩。打钩这个动作一定要由她亲手完成，我希望在她 5 岁的时候，就将完成的满足感深深地印刻在人生的最初记忆里。

有了这样每月一张的 HABIT TRACKER，问问就获得了可视的人生时间坐标横轴，纵轴上的项目将积累出她兴趣与能力的主要组织方向。这些项目需要我来参与引导和选择。当时间积累到一定程度，比如说以 1 年为单位，我就可以通过比对问问打钩过的项目的总时间和问问整体能力提升变化的结果，来了解她的天赋和发展方向。

当然，为了示范和参与，我也在 HABIT TRACKER 上做任务打钩，而且每天诚实讲解我做了什么、做了多久，然后兴奋地宣布打钩这件事，让问问看到我以此为乐、为此自豪。我很高兴的是，问问从一开始就喜欢打钩，这里面也许有遗传的原因，但我相信，时间长了，“时间看得见”这个概念对孩子来说，会比在我们成年人身上体现得更深刻。

第二个结论

对于女孩，破除性别的限制，就是破除了她更多选择的限制。

在有了 HABIT TRACKER 之后，你应该挑选什么样的项目来进入孩子的日常呢？

我特别感谢我爸妈的一点，就是从小他们并没对我提过类似“女孩子做这个工作太累”“女孩子找个安稳的工作就可以”“女孩子要早点儿结婚”这样的要求，为长大后的我节省了很多破除自我性别障碍的成本。

在意识到这点之后，我和问问之间的交流也发生了变化。比如在问问 3 岁时，她回家告诉我：“男孩子是要穿蓝色衣服的，不穿裙子，女孩子是要穿粉色衣服的，女孩子穿裙子。”我就很认真地告诉她：“问问，男孩子和女孩子，都可以穿所有颜色的衣服，只要自己喜欢穿，男孩子也可以穿裙子。”在这个谈话之后，问问会开始告诉我她早上要穿黑色衣服上幼儿园，在那之前，她是一个爱穿粉红色衣服的小女孩。我之前以为她天性喜欢粉红色，后来才明白她是受到了这类传播的影响，她认为自己是小女孩，应该穿粉红色。我内心暗暗对这种影响表示震惊，想起波伏娃的那句话：“女人不是天生的，而是被塑造成的。”

所以在选择问问的习惯培养和学习的项目时，我的第一个出发点是去除性别障碍。女孩子不是只适合学习绘画、跳舞、弹琴，不是一定喜欢玩娃娃、过家家，她也可以喜欢玩恐龙、星球和机器人，只要她是人类的一员，就可以学一切人类可能感兴趣的东西。

还有一点，就是一定要将体育锻炼和参与比赛作为日常习惯来培养，这是一生的巨大财富。我在上小学的时候身体柔软，上中学以后在体育老师的带领下成为一名体育爱好者。这些基础与体能的提升带给我的自信一直持续到了今天。

因此我将跆拳道、游泳、足球项目都拿给问问选择，她一旦选了我就鼓励她参加，让她体验这些体育活动带给她的快乐，让这些快乐写入她童年的记忆里。

第三个结论

让孩子自己制定目标，并体验做选择和做决定的感觉。

在问问的 HABIT TRACKER 表格上，最左侧的任务选项不是由我来做全部的决定，问问也要参与其中。当我回忆自己的小时候，我还能记起我自己做决定时的快乐和被父母强制选择时的痛苦。每当问问选好一个项目时，我会再追问她一句："你决定了吗？这是你选的哦？"直到问问回答："我决定了。"

我希望未来的问问在做各种重要选择时，内心也会浮现出"我决定了"这句话，懂得它代表的意义。只有当她意识到是自己在做选择而不是别人为她做选择时，才会对自己的选择负责任。这真的是重要的人生时刻。

还有，我发现，我无法避免把自己的生活经验和个人好恶加入问问的训责引导之中。我发现，一些我认为不在目标内的事情，问问也许会认为是重要的和每天应该完成的。比如问问为自己设立的任务包括每天学习辨认节奏卡。从我的角度来看，这项技能和学习时间可有可无，但是问问自己很重视，每天完成后会非常快乐地打钩。

关于快乐，人们的定义各不相同。所以，放手让孩子来定义什么是快乐。我只能定义我的快乐，不应该干预别人的快乐。人生的真谛就是发现属于自己的快乐，然后追求它。

第四个结论

父母最擅长引导孩子的领域，恰恰是自己擅长的领域。

问问的 HABIT TRACKER 左侧项目里，有弹钢琴、学习节奏卡、学字母、学数字、绘画、讲故事、游泳等。当然，所有这些日常项目都是为了培养她从微小积累的习惯，我希望问问能从中发现自己的天赋或兴趣。我本人完全没有音乐天赋，面对钢琴一筹莫展，需要钢琴老师上门来教学。问问参加了周末画画班，她特别喜欢去上课。但她最喜欢我和她一边交流一边绘画，成果也最显著。我认为问问已经在画画中体验到了心流时间，这种体验是贯穿一生的财富。

我因此还思考了一个问题，这个世界上，父母对子女的教育才是绝对既无保留又能根据孩子的情况进行的一对一教育。过去我们常说子承父业，看似老生常谈，却是效率最高的教育模式。父母最擅长引导孩子的领域，恰恰是自己擅长的领域。无论父母是不是有着“这行太苦了，孩子可不要和我干同一行”的想法，大概率上都有让孩子在此领域显著高于平均水平的能力。这种一技之长的幼功给孩子带来的自信和胜任感，可以在未来延续很久。所以我要将我擅长的绘画多教给她一些，她也必定会进步得更快，这与对绘画的兴趣和掌握的画画技能在以后是否可以用来谋生、是否会辛苦、学艺术要花多少钱，都没有什么关系。

第五个结论

必须投入地和孩子一起玩，不能敷衍。

我和叶先生的 HABIT TRACKER 左侧还有一项，叫作“陪问问”。

父母必须言传身教当榜样，希望孩子做到的事自己要先做到，想让孩子成为的人，自己要先成为。这已经是真理了，不需赘述。但是一直当孩子的行为准绳，时刻注重其规矩、成绩和礼貌，那真是太压抑了，这些是我关于童年的不好回忆。轮到我做父母的时候，我认为父母除了是教育者，还要是孩子成长的参与者和体验者。而且在我有了问问以后，更是发现大人只是生得比较早、经历比较多，在看待世界的格局上，并不比孩子更优越。跟随孩子的目光重新打量，大人世界司空见惯的美丑、好坏、阶层高低都会被重组，和孩子一起参与和体验，对大人也是有益的。

很多时候我们说要陪孩子，如果不能投入地陪伴，都是假陪，孩子也知道你在假陪。所以一起玩的时候，你要首先代入幼童时期的自己。对她来说，孩子此刻正在玩的游戏就像你正在办的大事一样重要，因此无论你觉得游戏多幼稚，都应尽量进入自己小时候玩游戏的状态——沉浸到游戏中。

我会和问问用心地去捏一个橡皮泥，搭一组积木，在这个过程中一起编一个我们幻想的人物故事。我基本上每次都用尽全力，玩到我们都要一起呵护那个橡皮泥和积木房子，怕弄坏了作品，因为我们一致认为我们的作品很宝贵。在这个时候，我们会觉得我们是真正的好朋友，经历同样的故事，有同样的审美，互相懂得、心灵相通。

第六个结论

保持情绪稳定，让情绪稳定成为一个习惯。

其实，作为父母，我们还可以在 HABIT TRACKER 的左侧默默地加上一个项目。

就是一个字——稳。

我回忆起我的小时候，我家每逢大事都有“静气”，每逢小事也有“静气”。但是我爸太严厉，这样不好，我会觉得我爸对我一直不满意，导致我在家行动不舒展、不自如。后来我创业了，这个“静气”继承下来就成了正面品质，所以我决定沿用，但要改成轻松舒展的版本。

让孩子认为父母具有不惊慌、不爱着急、不压抑、不生气的品质是非常重要的。所有事情都讲究氛围，家里更是。遇到事情，要为孩子示范出一种遇事先面对后解决的反应惯性：“这个事情不是大事，让我想想怎么回事儿，我找到办法了。”

当孩子发脾气和失去耐心的时候，你的应对措施也很重要，因为你家的主流沟通基调会奠定她未来与别人沟通的基调。父母也是人，实在控制不住的时候，去 HABIT TRACKER 看一眼——稳。训练有意收敛惊慌、积极思考对策的习惯，能够有助于一个人保持表面平静，有助于成长为未来的领导者和决策者。

不过这个领导者和决策者是针对我自己的意愿而言的，我对问问的未来并没有非常具体的期待，我当然希望她一上来就能获得生而为人的尊严与自由，能按自己的意愿过一生。当然，第一，这不现实；第二，这取决于我的能力对她的支撑和保护，这个能力目标又反过来决定了我首先应是一个情绪稳定并能控制局面的人。

可见，每一个孩子，包括曾经的我和现在的问问，对原生家庭都没得选。原生家庭是注定的，我们会从这里出发，带着好的或者不好的影响。在自己的成长中，甚至到下一代的成长中，我们才有机会去修正这一切。

重要的是，我们在每一天、每一点上都有意去修正，渐渐接近目标。播种动机，可以改变行为；播种行为，可以收获习惯；播种习惯，可以培育人格；播种人格，可以掌握命运。

*互动引导和填写

以上是从育儿角度出发的经验，而关于习惯塑造人格的结论，同样也适用于我们大人。

大多数与极少数的分野，习惯是一个被低估的影响因素。正是日常的习惯，塑造了我们每人每一天手里 24 小时的使用方式。这些习惯将参与塑造你。生活的质感，往往取决于日常的质感。日常不变，结果就不会变。而一旦有了一个新的改变，会发现自己踏入了一段渐进的演化迭代，将收获一连串微小的胜利与突破。

以下填写内容，将是一次润物细无声的演进之旅。习惯已经养成的特征是，不管任何情况，你依然会采取这种坚定的、明确的行为。

挑选习惯进入你的日常

以下是一些习惯养成的可选项

早起干大事

早起运动　吃营养早餐　认真刷牙　做拉伸　整理床铺

早自习　晨间阅读　早起喝杯水　按时起床

上班这件事

站立办公　认真喝水　按时吃饭　保持情绪稳定

保持正确坐姿　做眼保健操　午间拉伸　午间小睡

制订今日计划

宅家日常

看电影　在家健身　做饭　记录生活　与亲人视频通话

浇花　打扫房间

理财日记

定期储蓄　定投　列购物清单　做消费计划　记账

想要美好身体

散步　跳舞　饭后靠墙站立

持续写作

写500字　记录今日灵感　观看一部好电影

尝试新鲜事物　冥想　阅读

认真护理

仔细卸妆　每日防晒　擦身体乳

为每个习惯安排一段时间

像富兰克林学习，在一段时期内集中精力只养成一个习惯。

01:00 ______________________

02:00 ______________________

03:00 ______________________

04:00 ______________________

05:00 ______________________

06:00 ______________________

07:00 ______________________

08:00 ______________________

09:00 ______________________

10:00 ______________________

11:00 ______________________

12:00 ______________________

13:00 ______________________

14:00 ______________________

15:00 ______________________

16:00 ______________________

17:00 ______________________

18:00 ______________________

19:00 ______________________

20:00 ______________________

21:00 ______________________

22:00 ______________________

23:00 ______________________

24:00 ______________________

超级梦想家

“所有的大人都曾经是小孩，虽然，只有少数人记得。”

一个小孩是如何长成大人的？一个小孩无边又勇敢的梦想是从哪一天开始降落在地表，然后无声无息滑进人海中的？如果你曾是那个小孩，你还记得吗？如果你有了一个小孩，你会守护他吗？

人类在孩童时期最不畏惧世界的广袤，相信可以成为任何人，去到任何地方。后来的事情我们大人就都知道了，我们在过程中受到了各种打击和禁锢，然后眼看那些期许渐渐塌陷，最后好像只能成长为一个不过如此的大人。但我们也都在过程中亲眼见到，总有人依然在脑中保留着火种，一直紧紧握住那种叫作梦想的东西，直到这不熄的光亮把人与人区别开来。事情就是这样，总是极少数的人在坚持相信和维护火种，其他人只能渐渐在梦里收罗着关于童年愿望的面包屑，做一名嘲笑“梦想”的大人。

帮助孩子保留火种的方式，就是像孩子那样去描述它，相信它，帮助孩子写下来，然后一遍遍地去翻阅它。让火种穿过岁月，还能在我们心中燃烧。

保留孩子火种的过程，可以分为 3 个阶段：

1. 用角色启蒙愿景

所有儿童读物都在提供最初启蒙的愿景，对应着孩子最初想成为的那个角色。如果是英雄，就拯救世界；是超能力者，就帮助他人；是战士，就勇敢战斗。孩子最早的范本都有出处，给孩子角色让他挑选，然后鼓励他扮演。很多还不曾拥有的能力和品质，都是从模仿和扮演开始的。

2. 帮助孩子整理和写下愿望

郑重地和孩子一起写下愿望，是保留火种的开始，让愿景画面在孩子记忆中反复出现。更有效地，是帮助孩子辨认出其中非常具体的、可操作的愿望，让孩子有希望实现第一次小达成，从而向正循环迈进。

3. 鼓励孩子开展和记录行动

激励孩子去行动，而不仅仅是停留在想象。把梦想分拆为简单的行动，再把行动调整成为最微小单位，是一切实现的本质。让孩子去经历分拆、行动和实现的整个过程，再试图记录整个过程。人是自己人生的创造者，当人们想要创造自己时，要能够拿出关于自己的证据。记录是回忆和讲述的基础，他会知道，事情是这样开始的，事情也会这样达成。

*互动引导和填写

我的梦想：

建立日期：

建立年龄：　　　　实现年龄：

我最喜欢做的事情	我最不喜欢做的事情

我最喜欢的朋友	我最想成为的角色（真人或虚构形象）

最想拥有的超能力	我长大后的世界是什么样子

我会成为这个未来世界里的什么人	我在未来世界每天做什么

我会长成什么样子	会有多少人爱我

想和谁做朋友	最想去哪里旅行

为了实现梦想我愿意做的事情

学习内容

起床时间

睡觉时间

阅读时间

锻炼时间

如果明天就变成大人，我最想要做的三件事

安全感人生必备财务清单

自己给的才是安全感

通常在新年来临的时候做人生计划，99% 的愿望出发点叫作现实，但从心情和心态上呢，出发点来自马斯洛理论，在温饱之上都会叫安全感。安全感大家都不陌生，缺乏安全感的体验大家就更不陌生了。如果安全感满足，我们就会觉得愉悦、平静；如果安全感不满足，我们就会觉得焦虑、崩溃。

我们需要研究、面对，才能解决。我会问自己两个问题：

> 第一个是我上一次感觉到强烈的安全感缺失，感觉到强烈的不安是在什么时刻？
>
> 第二个问题是，我在我的前半生里感到强烈的安全感缺失，感觉到不安，是什么时刻？

我可以从自己的故事总结出来安全感缺失的时刻：第一个是当我们被从熟悉推向陌生的时候，我们觉得不安全。第二个是当我们被从确定、可控，推向不确定、不可控的时候，我们觉得不安全。

那么我们怎么办？我们如何在不安全里得到安全？我和趁早团队一直在思考，帮助大家拥有什么，可以克服不安。在意愿和目标之间，都需要拥有方法论和工具。2017 年推出理财季，2018 年推出理财手册，2021 年在五种时间体系已经自洽成熟的前提下，推出赚钱时间 100 天。

表现形式是更迭的，但朴素观点是永恒禁得起考验的。如果你依然置身于与社会与金钱的这场交互游戏中，以下这些观点不妨一看。

1. 人生自由是从财务自由开始的，在财务自由之上，才会有时间自由和灵魂自由。

2. 财务自由是从财务独立开始的。对于职业女性而言，财务独立是通过工作兑换价值，获得收入，让自己能够养活自己。

3. 财务自由是分层的，首先从楼下超市开始，称之为 7-11 自由。再往上是大商场财务自由、旅行财务自由、商务舱财务自由，还有一层就是子女上学的财务自由，最后是居住地迁徙自由。

4. 财务独立意味着可以不依赖于任何人活下去。财务自由就是能够按自己的意愿过一生。

5. 学习金融和理财知识的目标是，不管自己属于哪一种类型，都能有办法把现在的钱和未来的钱处理得更好，最终实现自我实现。

6. 收益率 = 外貌；产品类型 = 性格；底层资产 = 身体素质；发行机构 & 交易对手；增信措施 = 朋友圈；历史表现 = 过往成长和恋爱史。选择理财产品和考察男朋友其实是一个逻辑。

7. 选择理财产品就跟选男友一样，大概可以分为两种：第一种是稳中有进的低风险偏好型，可以选择固定收益类。第二种是波澜壮阔的高风险偏好型，惊喜与惊吓并存。不同类型男朋友不能同时配置，理财产品却可以。关键是，认清自己的风险偏好。

8. 就像我们在寻找人生伴侣的时候要杜绝不诚实、“三观”不健全、不稳定找不到方向的渣男一样，选择金融产品，一定要规避一些明显不达标的产品。比如虚假宣传、不诚实披露底层资产、虚假增信、增信主体资质不达标等。不要被高颜值蒙蔽而爱上渣男。

9. 第一桶金是财务自由上的第一个里程碑，先有方向才能到达。第一桶金的定义因人而异。比如一个规律工作收入稳定的人，有改变目前工作状态的计划，应该有6个月甚至更长的生活成本作为第一桶金。这样可以给自己一段时间去规划和实施下一个人生目标，成为今后一个起飞的起点。

10. 按照管理公司的方法去管理个人财务状况。通过三张表格：个人资产负债表、收支储蓄表和财务诊断表推断自己的财务状况。了解自己，是理财的第一步。

11. 收入来源分为主动收入和被动收入（财产性收入），被动收入占总收入的比例为财富自由度。想要尽早实现财务自由，就要尽量提高被动收入。

12. 年轻人使用资金一定要有所规划，因为资金的使用都是有机会成本的，要衡量如何规划最适合自己，给未来最大想象空间。

13. 财务健康是婚姻质量的基石。婚后建议注意盘点家庭收入、预计家庭支出、分配各自财务角色、资产并表管理。用子公司并表管理的方法管理老公的资产。

14. 要孩子前，考虑清楚要孩子之后，家庭收入是否有巨大变化，家庭支出成本的增加，生活方式的变化（如换房换车），并根据上述变化调整家庭的资产配置。

*互动引导和填写

财富的正向增长是创建正向生活的重要组成部分。从现金流的方式，了解自己，尝试填写个人资产负债表、收支储蓄表和财务诊断表这三张表，是个不错的选择，并且常常更新。你越有所关注，才越有可能趋近理想。

个人资产负债表

资产			
	项目	现值金额	占总值比例
金融性资产	现金／支付宝／微信余额		
	活期/定期存款		
	短期债券(1年以内到期)		
	保险		
	P2P		
	应收借款		
	流动资产合计（1）		
	股票		
	长期债券(1年以上到期)		
	期货		
	房地产投资(非实物)		
	基金		
	非流动资产合计(2)		

	项目	现值金额	占总值比例
实物性资产	实物房产		
	交通工具		
	收藏品		
	家具／电器		
无形资产(5)	专利		
	商标		
	著作权		
其他资产	遗产		
	捐赠		
	赡养费		
合计	总资产		

负债		
项目	现值金额	占总值比例
信用卡账单余额		
分期付款余额(1年内到期)		
个人借贷		
短期借款		
流动负债合计(3)		
房屋贷款		
汽车贷款		
留学贷款		

项目	现值金额	占总值比例
助学贷款		
长期负债合计(4)		
合计总负债		

净值（净值=总资产-总负债）	

注释:

（1）流动资产是指1年内能变现的资产。

（2）非流动资产是1年以上能变现的资产。

（3）流动负债是指1年内要偿还的借款。

（4）长期负债是偿还期限在1年后的借款。

（5）无形资产指不具有实物形态的，很可能给你带来经济收入才能算作无形资产。

无形资产的计价需要预估专利、商标、著作权未来能给你带来的收入，然后折现到现在。

收支储蓄表

年收入			
	项目	金额	占总收入比例
劳务报酬	税后工资		
	税后年终奖金		
	住房公积金		
	其他劳务报酬		
投资理财收入	利息收入		
	股票收入		
	房租收入		
其他			
合计	总收入		

年支出			
	项目	金额	占总收入比例
生活支出	基本生活支出		
	赡养老人		
休闲	旅游		
投资理财收入	住房贷款月供		
	股票贬值支出		
	其他损失支出		
	人寿保险和医疗保险		
其他			
合计	总支出		
结余	（总收入-总支出）		

财务诊断表

能力诊断	财务比率	定义	比率	合理范围	健康与否
偿债能力	资产负债率	总负债/总资产		小于50%	
	流动比率	流动资产/流动负债		6-12倍	
	负债收入比率	总负债/总收入		小于40%	
盈余能力	结余比率	结余/总收入		大于30%	
财富增值能力	平均投资报酬率	理财年收入/本金		4%-10%	
财务自由度	财务自由度	理财年收入/年支出		大于50%	
应急能力	紧急预备金倍数	流动资产/月支出		3-6倍	
保障能力	保障负担率	年保费/年收入		5%-15%	

根据上表，评估自己的偿债能力、财富增值能力等是否达标，对资产负债率、负债收入率、结余比率等财务比率进行计算，根据其数值是否在合理的范围内，判断财务健康状况。

注释：

（1）财务诊断表的数据是根据前两张表来填写的。

（2）年收入，年支出都根据「过去 12 个月」的总收入，总支出来填写。

（5）填写计算完以后根据合理范围来判断自己的财务状况健康与否，健康打个钩，不健康打个叉。

智能时代最全面的时间管理系统

建造时间花园

在过去的 12 年中，我出版过几本书，这些书都是关于寻找人生目标的，探讨抵达方法的。在过去的 10 年中呢，我还创立了一个文创品牌叫作趁早，一个行为养成平台叫作趁早行动，都是为了解决用户的时间管理的优先级问题和习惯养成问题。在趁早行动的运营过程中，我还和趁早团队一起观察了上百万人的行动，求证是哪些规律和方法论在人群中持续发生作用，能够让人终于展开了行动，又让人终于达成目标。

2018 年，我开始在全国巡回分享叫作五种时间的时间管理体系，这个体系受到了很多人的欢迎，可以说也改变了很多人的生活。2020 年《五种时间》出版，这套思维方法就以文字的方式被更多人读到。

包括到今天这个五种时间的诞生，是源自于趁早效率手册使用者的需求，让我和团队在过程中获得了新的使命。

我建议你首先去阅读这本书，了解五种时间的全部构成，如果你认可并愿意尝试这种看待时间的新分类，那第二步，就可以试着使用这本五种时间效率手册。

比起趁早效率手册，五种时间手册的内页逻辑非常简单质朴。展开每天的页面，你会看到设计师用线条把空白分成了五个区域，它们分布在页面上方、中部和下方。

你可以用这本手册，打破旧有分类，你的任务就是不断地辨别当下的生活事件对你来说，属于哪一种时间类型。

这是一个非常重要的练习。通常，在五种时间线下课中，我们会安排一个小组互动游戏，把日常中常见的事情写到卡片上，然后请同学们来分辨卡片上的各类事情属于哪种时间。这个环节的重点是，先觉知自己正处在哪种时间里，再确认这种时间是不是自己的选择。

形成一种习惯，要有意识地分辨，在做一件事的时候，先思考一下它到底属于哪种时间，再根据自己的花园模型做出决定。

值得重申的一点是，一开始的记录还不会让我们成为时间管理的高手。可能你会增加新的挫败感，会发现“天啊我竟然花时间做了这件事情”。

这就是觉知辨别的目标，把五种时间效率手册当作是一个事件流的过滤器。在这个阶段，你的任务就是不断地觉知，不断地辨别，不断地细腻调整。

*互动引导和填写

我们都希望能掌控人生，而人生发生在一段段具体的时间里，我们进行时间管理，是为了创造新的人生秩序。时代更迭的速度早已超越了时间管理体系更新的速度，趁早提出了“五种时间”体系，用以解决智能时代下面对的新问题。

打破旧有时间分类，以五种时间理论重新审视每天的 24 小时；建立时间花园，整座时间花园就是你一天的使用时间，每天耕耘，等待收获。

尽可能多而全地罗列出现在你生活中的事件

辨认每个事件属于哪一种时间类型

生存时间

好玩时间

好看时间

赚钱时间

心流时间

你的最佳时间配比

通过观察、觉知，调整出适合你的最佳时间配比，以及这个时间配比下的生活方式。

生存时间	好玩时间	好看时间	赚钱时间	心流时间

永远争取下一个赛点

《运动员生存手册》是发生在2019年的一次天时地利人和。那一年“双十一”，女排资讯公众号“我爱女排”发了一篇“双十一”购物分享，趁早的极少数手册出现在朱婷的清单里。山水有相逢，我们彼此联系到，最终促成了这一本极具价值的产品。对文创研究所的挑战是，我们应该如何把一个抽象的“永不言弃”的女排精神，变成具体的拿在手中的一本手册呢？

为了回答这个问题，当时我们是反过来想这件事情的，把问题变成：什么不是趁早文创？

那关于这个问题我们已经有的共识是：凡空白的，没有正向生活价值观凝结的本子，趁早不会出品。

这一点继续延伸：第一，它是本，属于纸质印刷品；第二，里面有字儿；第三，这些组合在一起的字儿，一定是凝结了思考的，提供了某些人生场景下遇到的问题所对应的解决方案。那么，运动员生存手册的定位，是为了引导使用者通过书写的过程，逾越被动生存时间这件事儿。

看似我们设计的是一个本子，但其实我们设计的是一件事情。郎平教练的故事，给我们巨大启发，凝结成一本生存手册，凝结成逾越生存时间的运动员密码5。

当眼下有一个巨大的生存事件出现的时候，当我们出现不得不去应对某一个挑战的时候，适合准备一本生存手册，重新温故一下运动员密码5，为自己策划一份逾越生存时间的战略方案。

我爱女排 x 趁早《生存手册》前言

文：郎平

41 年前，我 18 岁，袁伟民教练把我选进中国女排。

入队第一天，袁指导提的要求之一是坚持写日记。一天的训练下来，有哪些心得，什么收获，解决了什么问题，发现了哪些不足，是否找到改进的办法，最后还有一项：明天怎么练？那时候没有"时间管理"这个词，只知道中国女排是肩负着三大球振兴的使命，我们的目标很远大，对手很强大，留给我们的时间却很有限，我们一定要利用有限的时间，努力提高自己，力争早日实现我们的宏伟目标。

说起来时间最公平，一小时、一天、一个月、一年，对每个人来说都是同样的长度，我们如何比对手进步更快，如何做到从落后一点点追赶，直到超越。

当时我们有一句话：要取得超人的成绩，就要付出超人的代价。我的理解，首先要抓紧课上的每一分钟，像海绵吸水一样集中精力学习，努力体会练习，在付出汗水和辛苦之后，并不是练完就完了，还要及时总结。那些经过实践证明是正确的东西，形成文字记录下来，不断加深印象，通过反复磨炼争取早点成为自己的东西。那些总结中发现的问题，要尽快想办法解决，前进的路上少走一段弯路，就能节约一些时间。

大家都是一年 365 天，一天 24 小时，但是我们每一堂训练课都有更大的收获，通过总结和反思，每一天的效率都更高，做到事半功倍，才能实现从落后到超越。

1978 年我进入中国女排时，我们连亚洲冠军都不是。3 年以后，中国女排第一次夺得世界冠军，到 1986 年，中国女排实现了世界排球历史上创纪录的“五连冠”。

设立目标，踏实努力，及时总结，这是当年我在中国女排学习到的关于时间管理的方法论。

后来经历退役、求学、出国深造，我一直坚持每天写日记。拜运动员的职业经历所赐，我非常守时，这给了我把一天的时间做细分，且在每一段规定时间里完成计划的可能。

现在在我们的球队，每天晚上都会给大家提供第二天的具体时间安排。在训练计划表上，教练组有细化到第二天训练课每个阶段的练习科目。在新一天的工作开始之前，明确我们要做什么，希望达到怎样的效果。

当然计划是死的，人是活的，在执行计划的过程中，我们会适时做出评估，在可能达不到效果的情况下是否调整，怎么调整，这也是做到事半功倍的关键。

这些年，无论我走到哪里，每天晚上坐下来，都会面对两个本子：一个是用来规划时间的手账，一个是用来回顾和总结的日记本。和远大的目标相比，用来准备和提高的时间永远是不够用的，所以必须做好规划，及时总结。

当繁忙的一天接近尾声，面对两个本子，回顾这一天的所见所闻所思所想所得，身体虽然疲惫，但精神上非常满足，想想新的一天，更是动力满满。

做好每一天，时间看得见。

*互动引导和填写

未来 1 年中可能会出现的赛点都有哪些。

站在未来，安排现在。寻找那些推动故事走向的时刻，当令人血脉偾张的赛点来临，你已经做好万全准备。可以尝试在这里记录。

1月

2月

3月

4月

5月

○	○	○	○	○	○	○
○	○	○	○	○	○	○
○	○	○	○	○	○	○
○	○	○	○	○	○	○
○	○	○	○	○	○	○

6月

○	○	○	○	○	○	○
○	○	○	○	○	○	○
○	○	○	○	○	○	○
○	○	○	○	○	○	○
○	○	○	○	○	○	○

7月

8月

9月

○	○	○	○	○	○	○
○	○	○	○	○	○	○
○	○	○	○	○	○	○
○	○	○	○	○	○	○
○	○	○	○	○	○	○

10月

○	○	○	○	○	○	○
○	○	○	○	○	○	○
○	○	○	○	○	○	○
○	○	○	○	○	○	○
○	○	○	○	○	○	○

11月

12月

05 2012—2022 效率手册前言

2012—2022 效率手册前言

2012 有本万事足

初中一年级，我开始使用效率手册记录作业和学习计划，用来克服我的贪玩、健忘和拖延。我清楚地记得我的第一本效率手册特别土，右上角印着烫金的“1991”。

最开始，我把每天所有需要完成的功课列成清单，写在当天的日期下，并在每一个功课后面画一个括号，比如：平面几何 30 题()。当天的功课如果做完了，我就在括号内打钩，做一半和没做完的都打叉。每天睡前，我会重新查看未完成的功课，并把所有打叉的事项抄写到第二天，继续在事项后面画一个空白的括号。如果截止日期马上就到，我就在非完成不可的事项前画上五角星。如果此事已经急得火烧屁股，我就重重地来回描那个五角星直到弄成一个黑疙瘩。多数时候，我描了一半黑疙瘩就索性把效率手册放边儿上，把这功课解决掉。

时间向前推进，所有的括号都会最终被一个个对钩填满，就像打怪升级做任务，打钩对于我渐渐变成很有快感的一件事，接受和完成任务成为一种人生常态。

这个方法我已经使用了 20 年。20 年间，这个方法在学业上一路帮助我考取硕士研究生；在皮囊上帮助我始终保持在理想体重和身材；在事业上帮助我创办了自己的公司，并让每一个项目按计划有条不紊地实现。

这 20 个本，打开书柜只有一小堆，但已浓缩了我的前半生。20 年看似很长，拆解开来，就是每一天、每一个小时。所有漫长的人生都是由每一个小时里的每一件事汇聚而成。每一个小时的使用，都可以折射出一个人的生活态度和价值观。

价值观从来都不是一个大词儿，价值观的意思就是：在同样有限的生命里，你，觉得什么对你是最重要的。价值观决定了生活与做事的优先级。过去岁月持续的优先级的甄选与落实，造就了今天的你我——每个人都选择了他们自己今天的样子。

离开学校以后，我才知道我一直借助效率手册管理任务的方法叫作“时间管理 Time Management”，这方法早已因为其科学与高效风行于文明世界。其中重要的执行环节包括：明确价值观 — 设立目标 — 罗列事项清单 — 区分优先级 — 按计划实施。事实证明了科学方法的有效性，也证明了只要核心本质正向，允许执行方法上闪耀着个人主义的光辉。

效率手册从来都不会禁锢住你，反而会让你用最短与最合理的时间完成任务，留出更多的时间过自在生活；这本子其实在自在生活上也有许多好处，可以随手记录转瞬即忘的灵感与句子，还可以画点儿小草图。

长期借助于效率手册记录和思考，就不用费心同时惦记着许多琐事，本本规定之外可以任意地处于放空状态。本在人生在，有本万事足。长此以往，效率手册将成为你大脑的一部分，成为梳理庞杂人生的理性机器。把所有信息汇聚在一处，大可以避免每次随手掏出一张小破纸记下电话与要点的慌张与凌乱。心里有数的人，不会被绵延的战线和不确定性拖着跑。

当然，效率手册不是万能的，它规划不出你在哪天会遇到 Mr.Right，但它可以帮助你在遇到 Mr.Right 之前就拥有美好的气质和内涵；它也预见不到你哪天会接到决定你一生方向的面试通知，但它可以让你在这一天到来之前就练成过硬武功。如果有人持续地幸运，那是因为他总是在沿正确的方向，做正确的选择。所有人都在等待天上掉馅饼，等待奇迹发生。在这个年代的这个城市，奇迹并不是没可能。然而当馅饼掉下来的时候，你要能认得出；认出了还要接得住；接住了还要能可持续发展。

掌控得越多，不确定性就越少，心里就越踏实。最重要的是，你方向明确，你从未停止，你在那一天到来之前，就做足准备。

2012—2022 效率手册前言

2013 打不败的天性

如果说勤奋的人都有早起习惯的话，那么很遗憾，我从来都不是一个勤奋的人。

我爸就是一个典型的早起主义者，无论寒暑，黎明即起且精神抖擞，永远见到第一缕晨曦，永远第一个到达办公室。我爸多少年来一直看我不顺眼，因为除去上学上班被逼早起外，他老人家就几乎没见过我主动早起做过“有意义”的事。我爸对早起的定义是：无论工作日还是周末，至少六点起床，沐浴更衣吃早饭；我爸对“有意义”的事的定义是：读书学习、锻炼身体、洒扫庭除、思考人生。

我爸说：“每天早起一小时，能多做好多事。”

我说：“我就不明白了，您早起，您还早睡呢。每天的总体有效时间大家不还是差不多的么？这一小时有意义的事儿怎么就不能白天做了？怎么就不能晚上做了？”

我爸说：“你说了半天还不就是懒呗！”

其实让我爸为我的懒病持续失望，我内心也是惭愧的。但是我试了又试，却一败再败。

我在广院时期同宿舍有个郑同学和我是对床，她每天的作息我都了如指掌——起来先洗漱，整理床铺，去操场练声，练完声去食堂吃早饭，吃完早饭洗饭盆，等她带着干干净净的饭盆回到宿舍，我——睁——眼——儿——了——

郑同学是山东人，身材结实，下身有些魁梧，但是每顿饭都不少吃，这是她最大的烦恼。郑同学问我怎么办，我轻巧地回答说："不就少吃几口饭么？多大点儿事？想着不吃就不吃了呗。"

下顿饭的时候，吃到一多半，郑同学自言自语说："不吃了不吃了。"说罢坐在那儿捧着饭盆呆看了一会儿，又用几乎听不见的小声说："唉唉今天饿不吃难受，下回再少吃吧。"我在对面看见了挤对她："几口饭都管不住，以后怎么当著名播音员儿啊？"

过了几天，班主任说某些人早上从来不坚持练声，我惭愧了。回到宿舍，我对郑同学说："我也要早起练声！你每天是怎么一下就能起来床了还特精神呢？"郑同学说："不就是起个床么？多大点儿事？想着起床就起床了呗。"

第二天，我睁眼时候看见郑同学又洗饭盆回来了。她一进门就盯住躺在床上的我咬着牙蹦着字儿说："连个床都起不来，以后怎么当著名播音员儿啊？"这报复精准得我根本无力回击，只好假装懒洋洋地嘟囔："请问您也是天蝎座的么？"翻个身面朝墙不理她了。

翻身之后，我盯着墙上斑驳的墙皮，突然间懂了。

郑同学早起但管不住嘴，我管得住嘴却起不来床，都是天性。就像鸵鸟奔跑，地鼠打洞，我们是不同的人有着不同的属性，面对同样一件事情的难易感觉就像坐标轴里天然存在的正负象限。想要去改变天性，那真是最难最难的事。那么我该做的，也许应该是顺应和利用天性，而不是逼自己。

天性本无绝对好坏，但漫长的时间里，微小的习惯确实会改变一个人。虽然无法早起，但一定有方法用剩下的时间去尽量多做“有意义”的事。于是我坚持认真地使用效率手册，去顺应和放大自己天性中好的一面，弥补虚弱懒惰的一面。对我来说，每天携带一个本本，翻开做好计划，比天没亮的时候挣扎着爬出温暖的被窝可容易太多了。我告诉自己，晚起但紧凑充实的一天，比早起但浑浑噩噩的一天更有意义。写到这里，只好实话实说，真相是：我乐此不疲地使用甚至设计效率手册，不是因为我的严谨自律，恰恰是要弥补我的不严谨和不自律。

事实证明，挑战自己的天性的确是徒劳的，许多年以后，天性为我们分别作出了选择——郑同学成了一名 CCTV 早间新闻的著名播音员（正好下半身在画面外看不见）；而我成了一个经常分享塑身秘籍但无事不起早的创业者。不过，除了我这类和郑同学那类外，还有一类人，这类人的天性是既起不了早，又管不住嘴，还好还好，现在有了这本 2013 效率手册。

2012—2022 效率手册前言

2014 高级定制

据说，定制一件礼服大概需要以下七步：

1. 找到气味相投的设计师
2. 与设计师沟通你要什么
3. 量体
4. 按你的特质和要的风格出图
5. 选面料，选工艺，选细节
6. 若干次试衣和修改
7. 定制完成

据说这是很专业、小众、高端的服务，你的礼服完工后将独一无二，只为闪耀你的个人主义光辉；你的礼服还将代表你的生活方式，成为你的身份象征——因为以上种种，你需要为整个过程里的智慧、人工、时间、布料和针脚买单，所以周期挺长，收费挺贵。

可是，除去布料和针脚这些硬件，剩下那些“独一无二、个人主义光辉、生活方式、身份象征、智慧、人工、时间”都和礼服本身关系不大，是礼服之外的事。

礼服之外，你的美、气质、身材、智慧和买单的金钱，都是要靠自己为自己定制才能得来。

你的“独一无二、个人主义光辉、生活方式、身份象征、智慧、人工、时间”才是最迫切要定制的根本，礼服什么的只是外壳与皮毛，是你定制自我后随之而来的衍生品，再华丽，也无非是你定制自我的映射和延展。

同样，定制自己，也需要以下7步：

1. 你就是你自己的总设计师。你毕生唯一可以依赖的人生设计师，本来也只有你自己。

2. 与自己沟通你1年后、3年后要什么，1年后、3年后要成长为谁。

3. 客观地评价自己，量化自己。长板短板，天赋兴趣。无论做怎样华丽的设计，这是你的起点和基础。

4. 画成蓝图，确立目标。

5. 拆分目标，具体到细节，逐项落实。

6. 以天计，以小时计，启动，进展，调整。

7. 最终成为你定制的自己。

这七步，需要你花费你的大量智慧、人工与时间，把你的生活一天一天地穿针引线。你先描绘了蓝图，才能实现蓝图；你挑选了华丽，你才可能拥有华丽；你点缀了珠宝，你才可能闪耀。

而你正在翻开的这一本，就是自己定制自己的专用手册。

定制一个未来的自己，真没有比这个更高级的定制了。

2012—2022 效率手册前言

2015 只玩一次

2015 年 1 月 1 日这一天，在世界各地，有超过 20 万人正在翻开这本趁早效率手册，开始崭新一年的人生。

当你看到上面这行字，意味你也正在翻开这手册，即刻进入了一个超过 20 万个玩家的游戏。在这个游戏里，玩家都使用一种叫作“趁早效率手册”的装备。

是的，你一直在一个叫作“人生”的游戏里面，一进去你的初始级别就被设定，角色形象也无法自定义；全程不能存档读档和暂停；剧本复杂琐碎，Easy 模式和 Hard 模式的切换很难找规律；几乎所有的道具都收费；还有很多大神级的玩家轻易就可以把你打败。最后，你无法知道什么时候被删号，某一天，噗的一下，你被删号，游戏被中止了。

OK，那既然这样，玩的全程，在删号之前，我们究竟能做点儿什么呢？

1. 无论上来是什么设定和装备，研究它，利用它。
2. 熟知自己的角色弱点，避开创伤性交锋。
3. 苦练一个必杀。

4. 玩得投入点，丰富点，淋漓点，毕竟只玩一次。

5. 如果因为过分投入而痛苦不堪，想想终将到来的删号，再站在开发者的角度抽离出来看看这个游戏。

6. 就算感觉要玩不下去了，也别自己删号，既然早晚是个删号，不如试试到底能玩成啥样。

7. 尽情玩，玩够本，这样删号的瞬间也能觉得值了。

正在到来和走远的 2015 年，不过是整个游戏中的一级，但却很可能对玩家来说作用重大。为了满足玩家需求，加强这一级的战斗力，我们开发了和趁早效率手册捆绑的趁早 APP，让装备升级。在通关过程中，决心、工具、队友、敌人都左右着进度和结果，学习用好装备很重要。如果其他 20 万个玩家都熟知装备特性，每天作战，勇猛精进，你就危险了。

总之记住，2015，你只玩一次。

2012—2022 效率手册前言

2016 神秘的 2016

When I was just a little girl,

I asked my mother, What will I be?

Will I be pretty? Will I be rich?

Que Sera Sera

在我做公关公司的头几年，先后有三个客户要求拿走我的生辰八字去请“大师”推算是否“和财”，我虽然不太理解，但是为了单子，都满怀希望地提供了日期，又特意向我妈问了时辰。有意思的是，三个客户都带回了一样的信息——他们在聊完和财结果后，会加上差不多的一句话：“大师说，你会起一个大运，挺大的，从 2016 年。”

第一次听，笑一下过去了；第二次听，心想“咦怎么也这么说”；等到连第三个人也言之凿凿地提到同样的年份，我开始希望 2016 年的大运是真的。

因此，大概从 2006 年开始，我就默默期待 2016 年的到来，但不好意思对外人说。因为我是一个依据唯物主义认知长大的人，信天赋、信努力、信时间累积的力量，特别知道“我命由我不由天”，一直没敢信过命运。除了电影里的大神先知和玄学的小道消息，我也没见科学论证过算命可以预言任何人与事的发展。对于 2016 年，我真正确信的一点是，人与事发展到那一年，一切肯定都会“不一样”，但又无法知道，到底以什么方式呈现出多么巨大的“不一样”，才算是“起大运”！

更重要的是，我特别好奇，如果从 2016 倒推到此刻，我到底需要在什么方向做出什么样的准备，才能让人生阶段酝酿出“大运”啊？比如写东西的时候，我会猜难道作品会变得很红？公司团队开会，我会猜难道下一年就增长 10 倍？给效率手册选颜色，我会猜难道手册会变成知名文创品牌？每一个方向都好像在闪闪发亮，猜未来，成了一个很好玩很神秘的游戏。

在这将信将疑的 10 年中，每当旧一年结束，我都会刻意计算距离 2016 还有多久；每当新一年开始，我也都会以 2016 许愿：“我会用好自己的天赋，我会努力的，请给我努力之后的运气。”就像神秘的 2016 一样，运气应该是天赋和努力条件俱足时候才会掉的馅饼。人们一直在试图为福祸和功名利禄找答案，我知道，答案的大部分，始终在自己身上。只有做好今天的功课，才有资格陷入对未来无限狂野的想象当中。

我不知道大运到底会不会来，但 2016 让完全苍茫不可知的未来，有了一个精确具体的时间节点。有了节点，我就可以从等待它发生，变成尽量创造条件让它限时发生。就这样，在 2016 年到来之前的每一年，每一月，每一天，我都在效率手册里计划未发生，记录已发生，不停地做功课然后想象，再做功课再想象，等时间去兑现下过的订单。

现在，2016 就在眼前了，我有点儿害怕，有点儿激动。因为太多次想象过 2016 那年世界的样子，我生活的城市的样子、我周围的人们、我的事业与家庭，甚至具体到房间的布局，细节到大家畅饮的样子——怕不能实现，怕超乎想象的实现。

来吧 2016！10 年过去，十本效率手册用完，我已做好准备。就是现在，就在这 365 天里，谜底一定会揭开。

2012—2022 效率手册前言

2017 一切就像是电影

应该怎样看待这本手册，365 天，384 页，欧维丝本白 80 克纸张。

你觉得没有什么不同，即使你将它写满用完，不过是多了 1 年故事。但每年的开端与结尾，你也会困惑，为什么别人的故事总很精彩，像在电影里。如果这是一本按时间推进的空白电影剧本，作为主人公本人，你可能需要先了解令一部电影精彩的原因，并先尝试回答以下问题：

故事里的主人公是谁？他想要什么？为什么想要？他将会采用怎么样的方法得到他想要的东西？什么将阻止他？什么会令他疯狂？什么会令他绝望？可能发生在主人公身上最好的事情是什么？在什么条件下它会变成最坏的事情？

在精彩的电影里，主人公总是清楚地知道：我是谁，我正在做什么事，我用何种方法在何时要完成。那么，2017 年电影里的主人公，你，是否已明确以上问题的答案，并判断你是想要一部精彩的还是平庸的电影。如果是平庸的，那么你不需要这个手册；如果是精彩的，请深吸一口气，你现在已经是这部电影的主人公了。接下来在全年构建剧情的过程中，你需要明确几个概念：

1. 如果没有冲突，故事中的一切都不能向前发展。温和的行动不可能带来精彩。主人公需要开展第一次行动、第二次行动，紧接着是第三次。每到一个转折，主人公必须将更大的能力和努力倾注到他的下一步行动中。

2. 主人公可以得到他想要的东西，也可以失败，但是在过程里，他必须一直在追求，他的能力在增加，在迎来机会。他保持希望到故事线索的终点。好故事总在展现那奇妙的能量蓄积的过程，犹如波涛汹涌，直到终场。

3. 主人公可能长期处于紧张、极限、风险、摆动的状态，过程中即使有胜利的小憩，但马上会被新的不确定所代替。精彩意味着纠葛、危机、高潮、结局，主人公为了抵达目标，总是在被推向越来越大的风险。

4. 一部故事片电影的场景在50个左右，而1年有52周。这意味着每周大概有1个场景中的人与事可以用来构建推进，是推进，而不是重复。每一个场景的意义，在于指向主人公的欲望。在这部为期1年的电影剧本里，我们用灵魂、肉体、钱把所有的欲望做了最直接的分类，它们就像是剧本的大纲。

要知道，群众演员中的大多数人都在浪费他们的宝贵时间，死的时候都带着一种未尝夙愿的遗憾。好电影没有尿点，好人生也是。

愿你的2017年就像是电影，比电影还要精彩。

2012—2022 效率手册前言

2018 时光简史

2011 年一个秋天的下午，我在一张白纸上画了几条线，尝试描绘理想笔记本里分类和表格的样子。我以为那是人生里平凡的一天。

很多的开始都是这样，偶然地发生，然后以意想不到的方式绵延起来，直到多年以后，你才会认出，哪一刻你走入了变化之门。

我希望把它讲成一个童话：一个人放了张纸到一个大机器里关上舱门，按下按钮定在 7 年，神奇光线一闪，轰轰隆隆。7 年后再打开机器，等她迈进舱门，仰头看到仓库高大，一张纸已变成一个文创品牌，无数颜色和种类的手册码放整齐，货架多得望不到边。

但现实中，我和那张纸一起进了舱门。在那舱门后面，我和它经历了一切，我让那张纸变成趁早手册，我又用手册计划和记录了一切。

所有一切。

七本趁早效率手册，7 年来全部的野心和细节，我拥有一整套时光简史，曾经一小时一小时的期待，有的兑现有的落空，重要的早已不重要，激动和难过都归于平静。尤其是，当我想起某天的某个里程碑时刻，再翻开手册回看时，那天在记录里看上去依然是平凡的一天。那天之前和之后，就更加平凡，简直是漫长而平凡，时间里的我们简直渺如草芥。

每个人的时光简史和恢宏的人类历史是一样的——当回顾时，历史只告诉了我们极少数人做过什么，而绝大多数人的生活只是一直在不停地挑水耕田；当你回顾你的时光简史，也许只能记得光辉或落败的时刻，而沉默日子里绝大多数的你自己，都在不停地挑水耕田。日复一日，劳作的你喂养着休憩的你，无数个日子里卑微的你，才得以目送着英雄的你远去。

> 唯有时间，
>
> 唯有时间解放你、接受你、安抚你，让你绽放。
>
> 唯有时间带来的洪流，
>
> 可以冲击你、影响你、鼓励你、推动你，让你独一无二。

当趁早团队在庆祝趁早品牌诞生的第 7 年时，我再次庆幸，我用手册计划和记录了这一切。

今天又是平凡的一天，请翻开手册，按下时间按钮，打开那扇舱门走进去。

万物只有你自己最珍贵，只有你唯一的一生最不可辜负。

2012—2022 效率手册前言

2019 展开命运地图向下俯瞰

我们常怀渴望，认为有一天可以在一个没有问题的地方安顿下来。于是在那天到来之前，无论我们做什么，都伴随着不确定性带来的焦虑感。

我们渴望有能力展开一张命运地图，在地图上，宏大的人生目标看起来像从 A 点到 B 点那么简单，测算好距离和时间，为艰苦程度做好准备，那早日到达的冲动，就足够指挥一个人的队伍前进。

如果我们知道自己终将到达，使用这本效率手册将易如反掌，我们会日复一日地去计划和完成，勤勉地度过漫长的等待，让自己始终强有力地存在和运转。多数时候，等待本身并不痛苦，痛苦的是，害怕自己追求的是一些愚蠢而盲目的目标。

同时我们又羡慕，在这个地球上，在同时代的时间维度里，行走过那么多卓越的人，他们行走的方式，就像早已看见了自己那张命运地图一样。

于是在行进的茫然中，我们还是会常常问起那个永恒的问题：

到底有没有命运？

到底能改变命运到什么程度？

任何人的命运都可以最终被展现为一张以时间为轴的地图，时代和天赋也许帮助我们绘制好了初始部分，然后由我们自己的想象力和时间绘制余下的部分。那些卓越的人，常常会展开整个命运地图向下俯瞰，看从出生在死亡之间，到底还可以有多少想象力。他们想象并锚定了许多的A点和B点，在我们害怕和犹豫的日子里，他们在命运地图上完成了一条条连线。当我们翻看航海家、登山家和探险英雄的手记，会发现每天都好像是普通的一天，晴朗或者下雨，吃了些普通的食物，他们在那天之中，也只完成了地图上一点点微小的距离。

展开命运地图向下俯瞰吧，当你真正相信有这张地图的时候，你的认知会渗透进一切行为，行为会发生改变。既然地图的终点都是肉体的死亡，我们共同的敌人就不再是命运，是有限人生里意义缺失的虚无，和对一成不变的厌倦。当你执行，你已在推动命运的齿轮，改变了它转动的节奏；但当你目标明确，你已在给命运施以新的外力，也许最初是微小的，不易察觉的，但随岁月流逝，你将最终改变它的方向。

2012—2022 效率手册前言

2020 征服它，像农夫征服土地

站在一年的开端，你又一次站在了自己的命运面前。未来的日期还很生疏，每一天都是空的：周一到周五是横线，像上下班的必经之路；周六和周日是空白，像人生广袤的原野。

其实写完这个本子没有那么难，使它显得难的是疑惑、无聊、漫长的岁月，你的寂寞和恐惧。克服寂寞和恐惧的唯一方法是立刻开始，你得去征服它，一行行一页页，像农夫用开垦和敬畏去征服土地。如果这些日子像田地般依然原封不动荒芜着，它就不属于你，你必须埋头，一点点扎下自己的根基。你还得信一些基本的因果，比如想要秋天的果实，必须春天播下种子。

关于这本手册，只需要了解一些最朴素的使用方式：在打钩处写下你生存的事，在横线处写下你坚持的事，在空白处写下你尝试的事。如果可以，这三样我们都该一起播种，因为打钩和横线给我们秩序，秩序会带来安全感，空白给我们混乱，而混乱会带来生命力。

你先要找你的土地，扎你的根，在上面完成生存。你要习惯付出与期待，周而复始，让播种和收获的过程成为一种瘾。

生存之后，命运的淬炼就发生在日常的点滴里，一个人将在横线中被雕刻出来。每一条横线上也许写满小事，但它们会清晰定义出你的轮廓和质地——你使用这本手册的方式就是你的质地。当你发现当初在怀疑中孤独坚持的事，终于证明是有价值的，本来拖沓和迟疑的人，一页页下来，也就成了坚韧的人。

然后，在横线之外，在手册的空白处，在你尝试的可能性中，你会在对世界的一知半解中走得更远，长成一个自由的人，舒展从容。你会发现，那些善于计划和执行的人并不是因为理性，而是因为勇敢。冒险的快乐属于那些明知仅有一条命，也愿张开双臂纵身跳下的人。

你得为了你要去到的地方，将要见到的人，熬过夏天和冬天，做一个聚精会神的人，是一生极为重要的事。让那些打动、刺痛、温暖、改写你的事逐一发生。而无论发生什么，你的内心都会知道，你就是要路过生存、坚持和尝试，去体验一路上的勇气、沉静和狂喜，不确定中的确定。

现在，就让这本手册记载下你寂静的耕耘。从今天起，征服它，像农夫征服土地，日子会在土壤中开始生长，一切会为你而破，为你而立。

2012—2022 效率手册前言

2021 命运有耐心

2021 年是趁早效率手册诞生第 10 年。从第 3 年开始，“时间看得见”被印在了扉页上，那时已隐约预见到这是一条长路。如果一个人已经这样做计划兑现计划超过 10 年，比如我，这个人会有什么本质上的不同吗?

十年树木，十年一剑，十年就是那种足以让幂次法则发生作用的足够长的时间。如果说“人生就像滚雪球，重要的是找到很湿的雪和很长的坡”，十年之中，就都是用来找寻雪球的核——很湿的雪和很长的坡了。既然按照幂次法则，所有事物的发展随着时间都是非线性的指数变化，那如今这个雪球也该滚起来了。

我最大的本质不同，就是具备了空前的耐心，因为“时间看得见”开始向我展现神奇的谜底。有时我会想，第一批学会种植的智人，就是第一批懂得等待的人类，因为打猎当下就可收获，但种植却需要耐心等待 1 年。那种不可知的等待需要怎样的耐心和勇气啊。学会播种之后耐心等待，让人类得以进化成更高级的人。

在每年的开端，当我面对崭新的效率手册，我还获得了预见的能力。

我能预见，我一定又会有许多寻找答案的夜晚，寻找会更加痛苦，因为题越来越难。我知道可能性往往比答案更重要，我还知道这才是这趟新冒险最激动人心的地方。我能预见我依然会害怕——在都知道的情况下，我依然会害怕找不到答案，更害怕找错答案。

我能预见，每个阶段无论好坏都会过去，重要的是要不停创建新的阶段。

我能预见，就算去创建新阶段，未必能有效执行，执行未必有所作为，有所作为未必能获得回报。而即使如此，我也知道只有始终致心一处的人，才有可能获得回报的最大可能，如同远古敢于种植和等待的人类。

我能预见种植收获和雪球滚动，依然属于同一类人，那种具有生命力的，一直向希望之光慢慢挪动，一点点拔地而起的人。他们是能守住自己的火种，经历过碰撞、破碎，最终得以重建的人，他们是在那些没有光亮的时刻看清了更多东西，终于等到一闪而过的火花的人。

十年树木，十年一剑。十年之中，必有质变点。有生之年不下牌桌继续打，可见证时间魔法最大，最颠覆也最验证，最面目全非，最烟消云散。做人做事，一个看命运，一个看耐心。你没有耐心，便不会有命运。

祝你好运，无论你将在这个本子里写下什么决定。

要记住，命运奖励有耐心的人。

2012—2022 效率手册前言

2022 时间轴密码

这个年代依然眷恋使用纸本的人，大都有着一套自己习惯的使用方式。像我，20 年前第一次写效率手册，会从写《一生的计划》开始，郑重地把未来先小心翼翼地杜撰出来，担心里面埋着神乎其神的密码，不写下来就错失了。趁早效率手册诞生之后，会首先示范使用者从《一生的计划》进入书写，把未来拆解倒推，得出现在，再从现在展开行动，让未来到来。

现在 20 年过去了，作为趁早效率手册的最早设计者，当我回顾自身的体验，对它的使用有了新的理解。

《一生的计划》里面的确有密码，不过呈现的方式和我当初预想的不同。密码并不存在于一条克制而确定的道路上。《一生的计划》之中需要写入的其实不是既定去处，而是一系列大胆的假设，之后展开的也不是规定动作，而是所有可能奏效的探索。

因为，成长的本质就是验证假设。

理解到这一层，我认为过去的目标本来可以更勇敢。也就是说，我曾经写下的那些目标，因为没能把它们理解成假设，大多写得太过拘谨和胆怯了。

我对计划的理解由此变得松弛。所谓计划，就是提出下一个阶段的假设，然后去寻找验证的方法和路径。我们期待能力的增强，在于能够让自己有胆量去提出新的假设，以及有能力去验证新的假设。

我对失败的理解也由此变得宽容。既然是假设，那就当然存在验证失败，失败了就重新假设，人生可以被不停地再诠释，每天也都可以开始新的诠释。但只要可以一直假设，一直验证，就可以偶尔成功，经常失败。密码就藏在那些偶尔的成功之中。

密码还藏在时间轴之上。

一天的时间轴之上，24 小时之中，至少存在三次机会，一定可以抚慰甚至治愈人。第一次通常是身体类的，比如锻炼；第二次是头脑类的，比如阅读和书写；第三次是兴趣类的，比如注意力能够被所爱之物或之人完全吸引。这些最朴素的结论，我后来在《五种时间》中归纳出很多同类项，也在积极心理学书籍中反复读到。时间轴穿过无数日夜，以难以察觉的方式改变着我们，在那一个小时中，让我们永远有机会让最好的行为获胜。

带着这样的理解，在这本手册中，你也许会渐渐体验到，幸福感是来自对验证假设的期待，来自对日常的投入，而不是与日常脱离。生活已经不再是旷日持久的推进器，生活是一个渴望验证之旅。

后记

命运有些随机，但命运在拣选

“我要扼住命运的喉咙！”

“命运给我什么，我就接受什么。”

一直以来，我不停地且反复地听到以上两种观点：一种相信人生可以通过执行计划过得更好，理想生活里各部分都可以找方法达标；另一种认为这样的人生太累太苦，如果没有运气与大势，努力也是徒劳，不如走哪算哪，与世无争。无论哪种，都有各自阵营，各有一套老生常谈的方法论，以及分别可根据关键词搜索到的不止十万篇文章。

第一种的关键词经常叫作“自律”，第二种叫作“阶层板结”。

好像还有第三种，在顺境时意气风发地相信第一种，一旦经历挫折又自动进入第二种，将信将疑，走走停停。

一开始，我很懵懂，但愿意选择相信第一种，因为第一种让人觉得能做点儿什么，毕竟日子在往前过，跑一段看看能到哪里也不错。当然过程里充满小失败，但也有小成功，这些小成功让我想继续印证到底什么是让愿望实现的规律。久而久之，我成了彻底的第一种人。

久而久之，通过观察亲朋好友，我也发现了一个显而易见的现象——以10年为期，越是相信人生可以塑造的人，都不同程度地按各自理想模型抵达了新的人生，从肉身到格局，有的人简直脱胎换骨；认同随遇而安的人，也并没有真的都维持在原状，大多在全无准备的情况下被大手指派了新的角色。随遇而安是美好愿望，但随着境遇会取得的状态，不总是安宁，也有被动选择的不情愿。时代奔腾像逆水行舟，人与事都不存在原地不动。

你会看到，真正是求仁得仁，你相信什么，你最终就得到了什么。我是指真正的相信。

当你真正相信的时候，你的认知会渗透进一切行为，行为会随之改变，这就是执行。当你执行，你已在推动命运的齿轮，改变了它转动的节奏；但当你目标明确，你已在给命运之车施以新的外力，也许最初是微小的，不易察觉的，但随时间流逝，你最终改变了它的方向。

这本书，写给那些依然相信的人，也写给那些遇到阻碍和失败后将信将疑的人。是的，我坚定地相信，人生当然可以计划，愿望也可以渐次实现，但绝不是只有“努力”“自律”和“时间管理”这么简单；阶层在人类生活中一直都存在，也一直在流动，但这本书所探讨的事比如何做到阶层向上流动要广阔。

在过去的7年中，我将所有达成所愿的规律归纳为各种步骤，又把步骤制成表格。这些表格覆盖各种人生场景，印刷在纸张上，变成了一个文创品牌。在这本书里，我写了很多使用表格之前的准备工作，因为“努力”和“自律”只是其中的一个重要步骤，而“时间管理”则属于另外一个步骤，所有步骤组成了一个有机的系统。第一步和第二步，讲非常必要的准备工作和认知储备。进入步骤时的认知基础相当关键，如果不怀着勇气、好奇心和极大的热情，不打算展开整个命运地图向下俯瞰，不准备打通全部关卡，那么循着惯性转动的努力和自律就没有意义。很多人的问题，是直接把努力和自律理解成全部，战术勤奋其实是一种隐蔽的懒惰。

即使当你认真读过书里的每一个步骤并努力把方法应用于现实生活中去的时候，你还是会常常问起那个永恒的问题：到底有没有命运？我到底能改变命运到什么程度？

最终的命运，都指向肉体死亡，在那之前，你可能既无法像天才一样扼住它的喉咙，也无法全然接受它给你的一切。即使你曾想过随遇而安，你也会抗拒一切里那些坏的部分。而既然最终的命运都是肉体的死亡，我们共同的敌人就不再是命运，是有限人生里意义缺失的虚无和对一成不变的厌倦。既然我们不能决定生死，生死就都不是大事，尽兴活才是。

如果有命运，命运的面貌也许是一个掷骰子的考官。

命运有些随机，但命运在拣选。

参考书目

[1] 阿图·葛文德,《最好的告别》[M]．彭小华，译．杭州：浙江人民出版社，2015.

[2] 史蒂芬·平克,《白板》[M]．袁东华，译．杭州：浙江人民出版社，2016.

[3] 毛姆,《刀锋》[M]．周煦良，译．上海：上海译文出版社，2012.

[4] 伊莎贝尔·布里格斯·迈尔斯,《天资的差异：人格类型的理解》[M]．张荣建，译．重庆：重庆出版社，2008.

[5] 戴维·丹尼尔斯，弗吉尼亚·普赖斯,《九型人格：自我发现与提升手册》[M]．程艮，译．北京：中信出版社，2012.

[6] 菲利普·津巴多，约翰·博伊德,《津巴多时间心理学》[M]．段鑫星，译．沈阳：万卷出版公司，2010.

[7] 悉达多·穆克吉,《基因传：众生之源》[M]. 马向涛，译．北京：中信出版社，2018.

[8] 罗伊森,《YOU：身体使用手册》[M]．兆彬，俞睿，译．南京：译林出版社，2006.

[9]R.P. 费曼，R. 莱顿,《别逗了，费曼先生》[M]. 王祖哲，译．长

沙：湖南科学技术出版社，2012.

[10] 阿兰·德波顿,《爱的进化论》[M]. 孟丽，译. 上海：上海译文出版社，2017.

[11] 梁漱溟,《东西方文化及其哲学》[M]. 上海：上海人民出版社，2006.

[12] 马可·奥勒留,《沉思录》[M]. 何怀宏，译. 北京：中央编译出版社，2008.

[13] 约瑟夫·坎贝尔,《千面英雄》[M]. 朱侃如，译. 北京：金城出版社，2012.

[14] 克里斯托弗·沃格勒,《作家之旅》[M]. 王翀，译. 北京：电子工业出版社，2011.

[15] 玛赞·莎塔碧,《我在伊朗长大》[M]. 马爱农，左涛，译. 北京：生活·读书·新知三联书店，2010.

[16] 莎乐美,《男人的天使，自己的上帝》[M]. 黄宏，译. 武汉：长江文艺出版社，2012.

[17] 海登·赫雷拉,《弗里达》[M]. 夏雨，译. 北京：新星出版社，2016.

[18] 草间弥生,《无限的网：草间弥生自传》[M]. 郑衍伟，译. 台北：木马文化事业有限公司，2011.

[19] 杨绛,《我们仨》[M]. 北京：生活·读书·新知三联书店，2003.

[20] 董竹君,《我的一个世纪》[M]. 北京：生活·读书·新知三联书店，2008.

[21] Justine Picardie,《可可香奈儿的传奇一生》[M]. 郭昌京，

张宏，邵志杰，李庆，译．南宁：广西科学技术出版社有限公司，2011.

[22] 奥普拉·温弗瑞,《我坚信》[M]．陶文佳，译．北京：北京联合出版公司，2015.

[23] 谢丽尔·桑德伯格,《向前一步：女性，工作及领导意志》[M]．颜筝，译．北京：中信出版社，2013.

[24] 撒切尔,《撒切尔夫人：通往权力之路》[M]．李宏强，译．北京：国际文化出版公司，2009.

[25] 米哈里·契克森米哈赖,《心流》[M]．张定绮，译．北京：中信出版集团，2017.

[26] 王潇,《三观易碎》[M]．杭州：浙江文艺出版社，2016.

[27] 本杰明·富兰克林,《富兰克林自传》[M]．唐长儒，译．北京：国际文化出版公司，2005.

[28] 馆神龙彦,《手账的文化史》[EB/OL] .http://www.nttpub.co.jp/webnttpub/contents/notebook/index.html

[29] 王潇,《按自己的意愿过一生》[M]．杭州：浙江文艺出版社，2016.

致谢

同谋与缪斯

感谢我的妈妈，在我 13 岁的时候送给我人生第一本效率手册。

感谢趁早团队为文创产品的工艺升级和产品质量提升所做的一切努力，让文创产品日臻精良。

感谢趁早电商团队的飞飞及所有客服小伙伴，感谢他们在第一线为所有用户传递趁早的方法和工具。

感谢手账之神的获奖者高璐、Monica、Amber、Doria、梦小然，他们的奇思妙想描绘了趁早文创更多的想象力。

感谢所有参与“有生之年建议征集”活动的使用者，是大家的支持与建议，让效率手册越来越好用。

感谢有生之年终生会员，沈叶子、葛雅妮、郭悦、莹莹好开心2015、蔡显彪、Freya、陈小柒、芳芳芳、张小瑄、小丸子、杨书婷、欧阳玉洁、點點 Dian、韩悦娇 _ 小 C、Jessis、Lulu、刘钟萍、王景萱、杨帅、linda 姐、纪华、康卓、冬拾、小晶、W · S、薛小妞、棒仔、俏俏、尤金、张华湖、段小本儿、石琳、张琰、张任平、廖锐、Winnie 甜、王健、戴西、赵晓莲、烟台芳姐、贺莹、阿木、七安、王玉婷、十二君、花生、吉吉、李潇、马雪梅、式微式微微、郑洧、唐瑶、希瑞、张小瑄、欧阳玉洁、小恩、Viola、Wendy、莹儿、毕萌萌 -2020、小房子、一颗小栗子、晴耕雨读 Vicky、会会 reshaped_2020、穆林、静静、味知小鹿、菜菜、Nina Wen、lala、Broo 可、晓苑老师、小森林、十九熊头。我们要一起穿过有生之年。

感谢来自新加坡趁早读书会的小雨，感谢她建立的手账小行星，让越来越多的手账深度使用者找到彼此；感谢她在趁早手册攻略计划中梳理的、事无巨细的效率手册使用方法，它适合每一个新手使用者。

感谢 682 个定制企业客户，感谢大家的认同，将趁早传播的思考方法带给 682 个大大小小的团队。

感谢时间，让我们有机会印证这一切。

写下来的愿望更容易实现

产品经理：黄圆苑　刘洪胜　　装帧设计：张一一　　执行印制：梁拥军
营销经理：李　佳　闫冠宇　　技术编辑：丁占旭　　出 品 人：于　桐

图书在版编目（CIP）数据

写下来的愿望更容易实现 / 王潇著 . -- 南京 : 江苏凤凰文艺出版社 , 2022.1（2022.3 重印）
ISBN 978-7-5594-6419-4

Ⅰ . ①写… Ⅱ . ①王… Ⅲ . ①成功心理 – 通俗读物
Ⅳ . ① B848.4-49

中国版本图书馆 CIP 数据核字 (2021) 第 252210 号

写下来的愿望更容易实现

王潇 著

出 版 人　张在健
责任编辑　王　青
特约编辑　黄圆苑　刘洪胜
装帧设计　张一一
出版发行　江苏凤凰文艺出版社
　　　　　南京市中央路 165 号，邮编：210009
网　　址　http://www.jswenyi.com
印　　刷　河北鹏润印刷有限公司
开　　本　880 毫米 ×1230 毫米　1/32
印　　张　10.75
字　　数　200 千字
版　　次　2022 年 1 月第 1 版
印　　次　2022 年 3 月第 2 次印刷
印　　数　40, 001—45, 000
书　　号　ISBN 978-7-5594-6419-4
定　　价　59.80 元